吉林工程技术师范学院学术著作出版专项资助出版

全固态双波长窄线宽激光器

刘宇◎主编

中国纺织出版社有限公司

图书在版编目（CIP）数据

全固态双波长窄线宽激光器 / 刘宇主编. -- 北京：中国纺织出版社有限公司, 2024.11. -- ISBN 978-7-5229-2177-8

Ⅰ. TN24

中国国家版本馆CIP数据核字第2024B988P9号

责任编辑：胡　敏　　责任校对：寇晨晨　　责任印制：王艳丽

中国纺织出版社有限公司出版发行
地址：北京市朝阳区百子湾东里 A407 号楼　邮政编码：100124
销售电话：010—67004422　　传真：010—87155801
http://www.c-textilep.com
中国纺织出版社天猫旗舰店
官方微博 http://weibo.com/2119887771
天津千鹤文化传播有限公司印刷　各地新华书店经销
2024年11月第1版第1次印刷
开本：710×1000　1/16　印张：12.75
字数：153千字　定价：98.00元

凡购本书，如有缺页、倒页、脱页，由本社图书营销中心调换

前 言

在现代科技飞速发展的今天,激光技术的应用已渗透至社会生活的各个层面。其中,窄频谱宽度的双波长激光因其独特的物理特性与广泛的应用前景,已成为激光领域研究的热点之一。这一技术不仅在激光医疗中发挥着重要作用——利用特定波长的激光进行治疗,在激光雷达监测、引力波探测等前沿科技领域也展现出了巨大的潜力。由于单一增益介质导致的跃迁谱线间激烈增益竞争的问题,使得采用传统方法制备窄线宽双波长激光的输出功率和转化效率受限。这种情况严重制约了该领域的发展。因此,本书阐述了一种全新的技术方案,即将空腔内泵浦技术与法布里–珀罗(F–P)标准具结合起来。通过在0.9μm的准三能级和1.0μm的四能级增益介质中分别产生两种波长激光,并彻底解决了跃迁谱线之间的增益竞争问题,从而为实现高效低能耗的双波长激光器奠定了基础。

全书围绕全固态窄线宽双波长激光器展开讨论,主要内容分为6章,每章都有其独特的研究重点和理论贡献。第1章对全固态窄线宽双波长激光器的应用前景和研究意义进行了概述,接着详细介绍了国内外相关领域的研究现状，为读者提供了一个清晰的研究背景。第2章以准三能级和准四能级激光速率方程为基础，深入研究了腔内泵浦双波长窄线宽全固态激光器掺Nd^{3+}的理论。通过对理论模型的模拟仿真，我们能够得到各种因素的影响，包括再吸收效应、泵浦光的最佳束腰位置、不同泵浦光发散角对输出特性的影响以及F-P标准具的竖直放置角度变化等。第3章进一步设计优化了腔内泵浦双波长窄线宽激光器的谐振腔，并将传播圆理论应用于此过程中。通过研究变换圆与热透镜焦距、动力稳定性等激光工作物质参数在准三能级和四能级激光谐振腔中的逻辑联系，我们可以分析和优化谐振腔参数，进而探讨它们对双波长窄线宽激光器的模式特性和输出特性的影响，实现腔内泵优化设计双波长窄线宽激光器的谐振腔结构参数。第4章以双波长窄线宽激光器谐振腔设计和参数优化为基础，完成了稳定输出双波长窄线宽激光器实验研究的实验平台的搭建。通过加入F-P标准具，进一步优化了双波长激光的线宽，成功地稳定振荡并获得腔内泵浦双波长激光输出。为了优化理论和实验体系，进一步分析了实验结果和理论模拟结果之间的差异及其内在原因，这对于推动激光技术向更高精度、更高效率的方向发展具有重要意义。第5章介绍了固体激光器及窄线宽激光器的应用，再一次阐明了激光器在前沿科技领域的地位。第6章总结与展望，对本书的创新性以及主要内容进行了总结，同时对未来腔内泵浦双波长脉冲激光器模式选择技术的研究进行了展望和总结。

综上所述，本书全面而深入地讨论了窄线宽双波长激光器的设计和研究，不仅提出了创新性的技术方案，而且还对理论和实验两个层面进行了细致的探讨。无论是对于从事相关领域研究的学者，还是对此领域感兴趣的工程师而言，本书都是一本极具价值的参考书籍。它不仅提供了丰富的理论和技术知识，还展示了一系列创新的设计思路和方法，对于推动我国激光技术领域的自主创新能力和国际竞争力具有重要的现实意义。

本书在撰写的过程中得到许多专家学者的指导和帮助，在此表示诚挚的谢意。由于学术水平以及客观条件的限制，书中所涉及的内容难免有疏漏之处，希望读者能够积极批评指正，以待进一步修改。

刘宇

2024年4月

目 录

第1章 绪论 ………………………………………………… 1

    1.1 全固态窄线宽双波长激光器概述 …………………… 2

    1.2 双波长激光的研究现状 ……………………………… 3

        1.2.1 单块晶体实现双波长输出 …………………… 4

        1.2.2 直接泵浦技术 ………………………………… 7

    1.3 腔内泵浦双波长技术的研究现状及应用 ………… 11

        1.3.1 国外研究现状 ……………………………… 14

        1.3.2 国内研究现状 ……………………………… 19

    1.4 窄线宽激光器的研究现状、发展趋势及应用 … 24

        1.4.1 窄线宽激光器研究现状 …………………… 25

        1.4.2 窄线宽激光器发展趋势 …………………… 32

第2章 腔内泵浦双波长窄线宽激光器理论及
输出特性研究 …………………………………… 35

    2.1 泵浦理论 ……………………………………… 37

        2.1.1 间接泵浦理论 ……………………………… 37

2.1.2 直接泵浦理论 ……………………………… 39

2.1.3 腔内泵浦技术的基本原理 ………………… 40

2.2 F-P 标准具窄线宽激光器的基本原理 …………… 42

2.2.1 腔内泵浦双波长窄线宽激光器的设计方案 … 47

2.2.2 腔内泵浦双波长窄线宽激光器的工作原理 … 48

2.3 腔内泵浦双波长窄线宽激光器的速率方程 ……… 49

2.4 F-P 标准具与腔内泵浦双波长组合技术的输出特性仿真 ……………………………………… 53

2.4.1 再吸收效应对输出特性的影响 …………… 54

2.4.2 F-P 标准具竖直放置角度对输出特性的影响 …………………………………………… 60

第 3 章 腔内泵浦双波长窄线宽激光器谐振腔设计 ……………………………………………… 65

3.1 谐振腔基本结构 …………………………………… 66

3.1.1 谐振腔工作原理 ……………………………… 69

3.1.2 谐振腔光学元件选择 ………………………… 70

3.1.3 激光晶体的特性 ……………………………… 72

3.2 ABCD 矩阵方法对谐振腔稳定区的分析 ……… 74

3.2.1 腔内泵浦双波长激光器谐振腔腔内束腰位置和大小理论的建立 ……………………… 78

3.2.2 准三能级激光谐振腔中束腰大小及其位置 … 80

3.2.3 四能级激光谐振腔中束腰大小及其位置 …… 83

3.3 传播圆图解方法对双波长窄线宽激光器谐振腔的设计 …… 86

3.3.1 两镜腔的图解分析法 …… 89

3.3.2 腔内包含单热扰中心的热稳腔 …… 91

3.3.3 腔内包含双热扰中心的热稳腔 …… 97

3.4 腔内泵浦双波长窄线宽激光器的动力稳定腔 …… 98

3.4.1 单波长 0.9μm 激光器的动力稳定腔 …… 99

3.4.2 双波长激光器的动力稳定腔 …… 105

第 4 章 腔内泵浦双波长窄线宽激光器实验研究 …… 111

4.1 912nm 准三能级激光器的实验研究 …… 113

4.2 腔内泵浦双波长激光器的实验研究 …… 118

4.3 腔内泵浦双波长窄线宽激光器的实验研究 …… 129

第 5 章 应用领域 …… 135

5.1 固体激光器应用领域 …… 136

5.1.1 激光切割与金属、非金属加工 …… 138

5.1.2 医疗领域 …… 141

5.1.3 军事领域 ·· 156

5.1.4 通信领域 ·· 165

5.1.5 文化遗产保护 ·· 166

5.1.6 其他领域 ·· 167

5.2 窄线宽激光器的应用领域 ································ **169**

5.2.1 物理科研领域 ·· 173

5.2.2 精密测量 ·· 174

5.2.3 通信领域 ·· 175

5.2.4 工业领域 ·· 178

5.2.5 生物医学应用 ·· 179

5.2.6 天文学与空间科学及新兴技术领域 ············ 179

第 6 章　总结与展望 ································ 183

6.1 创新性总结 ·· **184**

6.2 展望 ·· **185**

参考文献 ·· 188

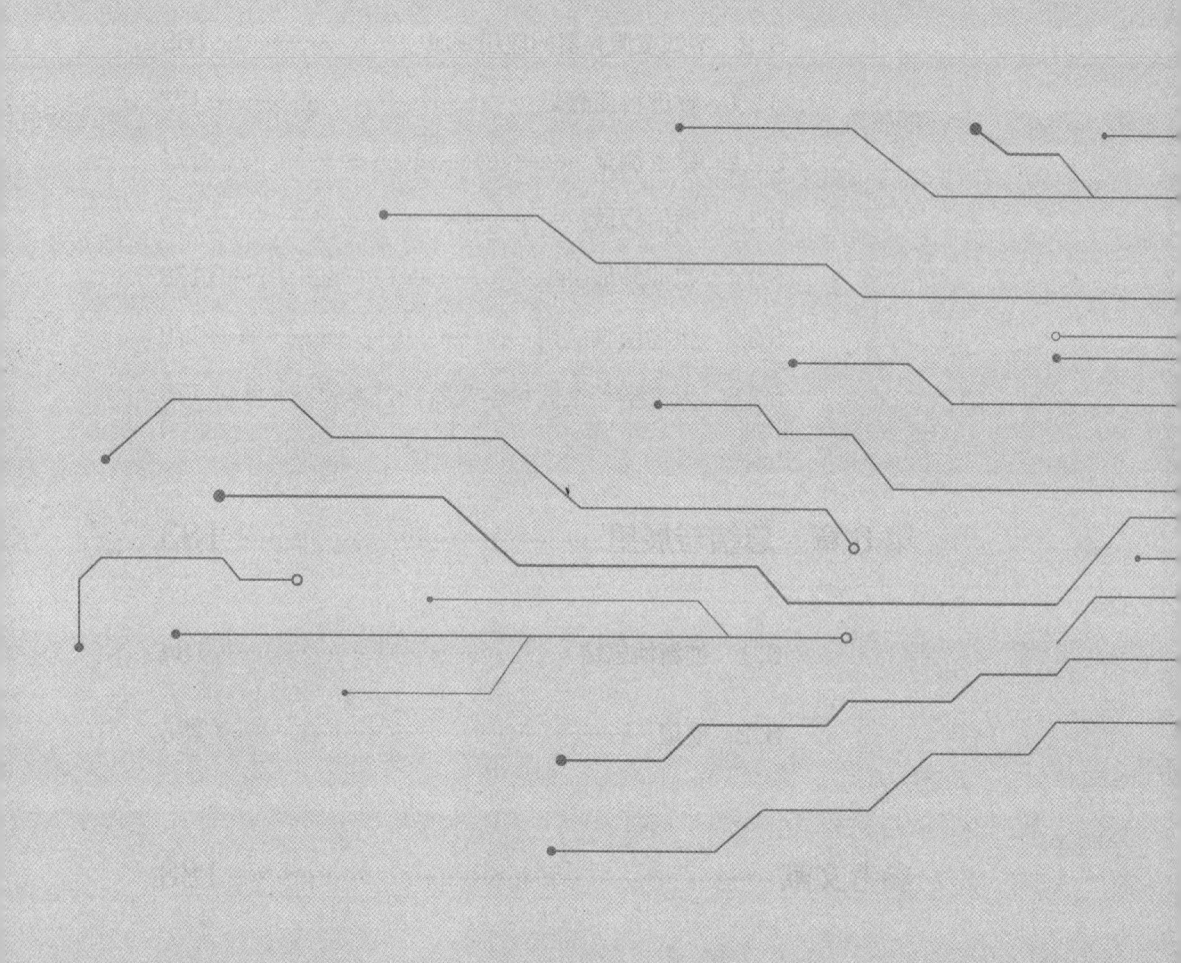

第1章
绪论

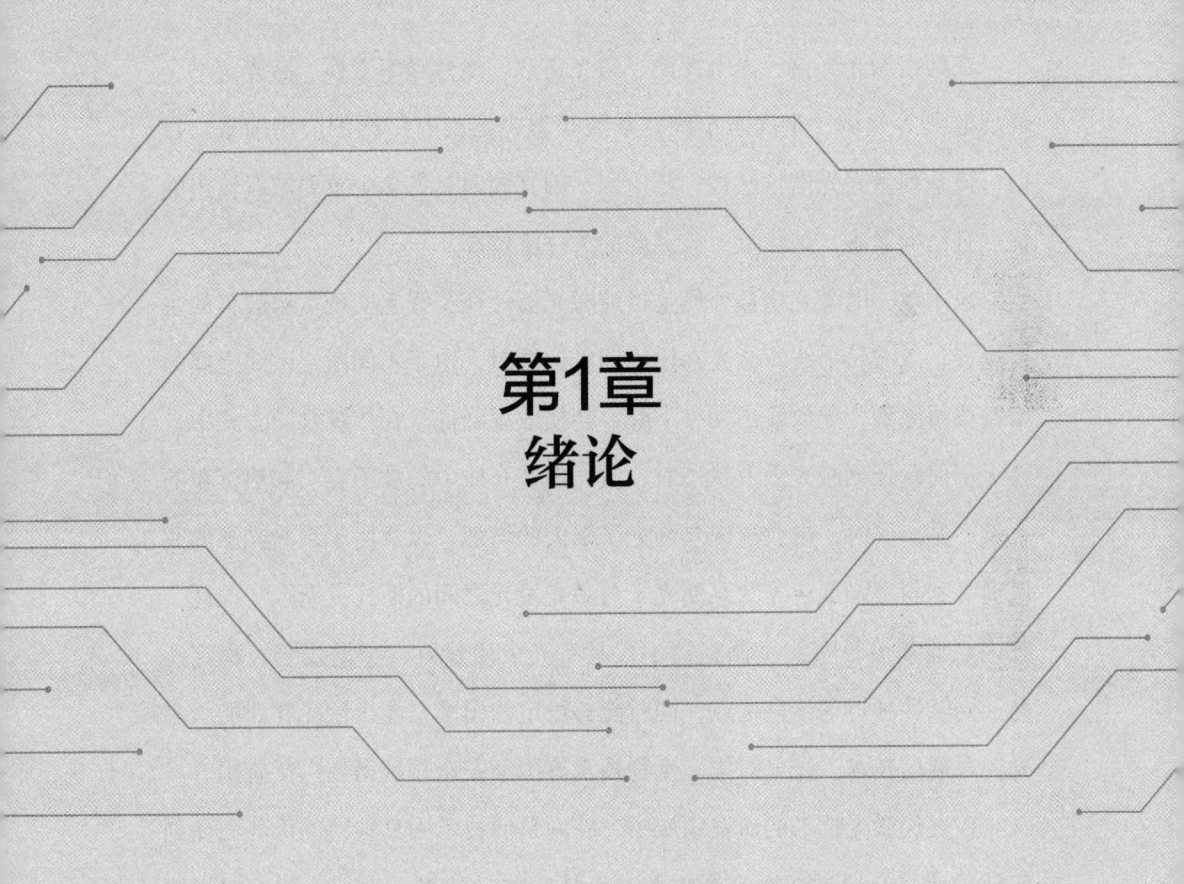

1.1
全固态窄线宽双波长激光器概述

在精密激光光谱、光电探测、激光雷达、线性频率变换、激光医学、环境监测等领域，全固态窄线宽双波长激光器具有广阔的应用前景。目前，该系列激光光谱仪已被广泛应用，因其同时具备多个重要波段输出的优点且结构紧凑，国际上对该课题的关注度较高。

采用单一的激光增益介质是目前激光器件在窄线上实现宽双波长的主要途径。双波长窄线宽激光在输出困难的同时，由于不同跃迁谱线之间的增益竞争激烈，导致输出功率下降，转换效率降低。在传统泵浦方式中，在无辐射跃迁到激光激发状态时，激光增益介质中的粒子会引起热沉积的大量产生。同时，也会造成泵浦光子损失的增加，以及由于泵浦光子的阈值提高和斜率降低，导致泵浦光子与激光发光之间的斯托克斯因子损耗。腔内泵浦双波长窄线宽激光器不仅具有光束质量好、窄谱线窄、稳定性高、同轴性独特等诸多优点，同时能够稳定输出准三能级激光和四能级激光，在通信技术、光电对抗、生物技术等国家安全领域得到广泛应用。

在现代激光技术的研发领域中，腔内泵浦技术因其独特的优势而受到广泛关注。它通过在激光器内部产生特定波长的光，为其他波长提供能量，这种机制可以显著提高激光的效率和性能。结合F-P标准具技术，这一技术允许在没有外部放大器或其他外部设备的情况下，直接测量和控制激光器的输出特性。将这两项技术相结合，旨在构建一个能够模拟含再吸收效应的双波长窄线宽激光系统的理论模型。通过深入分析和求解，建立了一个详细的理论模型，该模型考虑了腔内再吸收效应对激光性质的影响。模型中包含了光子密度、反转粒子数密度和输出功率等关键参数,并且这些参数随着F-P标准具竖直方向的角度发生变化。这一变化不仅影响了激光系统的物理状态,也直接关系到激光输出特性的变化,如线宽压缩、光强分布以及稳定性等方面。

1.2 双波长激光的研究现状

近年来,在激光科学和工业应用领域中,双波长激光的研究与开发成了一个热门话题。这种激光技术能够提供更为精确的控制能力,特别是在光谱分析、生物医学成像以及微纳加工等方面具有显著优势。为了实现这一目标,科学家们主要采用单晶技术来制作双波长激光系统,其中使用的激光晶体以Nd^{3+}晶体为主,包括掺钕钇铝石榴石(Nd:YAG)、掺钕钒酸钇(Nd:YVO$_4$)、掺钕钒酸钆(Nd:GdVO$_4$)等类型。这些晶体因其出色的稳定性和高能量转换效率而被广泛研究。

在进行双波长激光输出时,通常会结合808nm半导体激光器作为常规泵浦光源。这样不仅可以提供足够的能量输出,还能保证光束质量和稳定性。在传统的间接泵浦技术基础上,科学家们不断探索和完善新的方法。随着固态激光技术的迅猛发展,直接泵浦技术逐渐受到关注。通过这种技术,可以有效地降低斯托克斯频移,避免不必要的废热产生,从而减轻激光器内部的热效应,进一步提高激光输出的稳定性。然而,单一晶体实现双波长激光输出存在一个重大挑战:不同跃迁谱线之间的竞争问题。这可能导致激光输出中出现不稳定性,进而影响激光输出的质量和可靠性。因此，如何克服这个问题成了研发双波长激光系统的关键所在。为了解决这个难题，科研人员研发了一种新型的腔体内泵浦技术，这种技术能够在腔体内部产生并维持稳定的双波长激光。通过这种方式，可以有效抑制谱线之间的竞争，确保激光输出的一致性和高效率。

随着技术的不断进步和创新，未来双波长激光系统将更加小型化、集成化，并且成本更低。这些系统有望在众多尖端应用中发挥重要作用，比如在光谱学、材料加工、通信和医疗诊断等领域，它们将提供前所未有的精细度和效率。因此，持续的研究和创新对于推动这一领域的进步至关重要。

1.2.1 单块晶体实现双波长输出

在1973年，科学界的一次重大突破诞生了。当时，Bethea及其同事们站在世界科技前沿，他们的研究成果不仅是一个简单的科学发现，而是开启了双波长激光技术的新篇章。这一年，Bethea等人首次展示了利用单个Nd:YAG晶体，通过巧妙的设计和技术创新实现了1064nm和1318nm两种不同波长的脉冲激光输出。这一成就标志着双波长激光源研发的起点，为后续的激光技术发展奠定了基础，并被广泛地认为是激光技术进步的重要里程碑。时光飞逝到2004年，激光技术再次迎来了新的突破。李平雪与李德华团队展现了他们非凡的才华和不懈努力，他们利用单个键和的激光晶体结构，成功地实现了946nm和1064nm两个波长稳定的激光输出。这项成果不仅彰显了团队成员深厚的技术功底，也再次证明了Nd:YAG晶体在激光领域中的巨大潜力。紧接着，卜轶坤和郑权团队继续在激光技术的道路上前行。他们运用国产二极管激光器，对Nd:YAG激光晶体进行精细的抽运操作，以优化1064nm激光谱线的损耗问题。通过优化谐振腔内的全反射镜，他们成功实现了946nm激光与相对较低能量的1064nm双波长激光增益的有效匹配。最终，他们制造出了能够在常温下持续输出的双波长激光，其中准三能级激光946nm和四能级激光1064nm表现出色。更为难能可贵的是，通过两束激光的和频，他们还实现了国内首次生产500.8nm激光的突破，并且所产生的激光输出持续稳定，这无疑为我国的激光技术研究和应用开辟了新的道路，其装置图如图1.1所示。

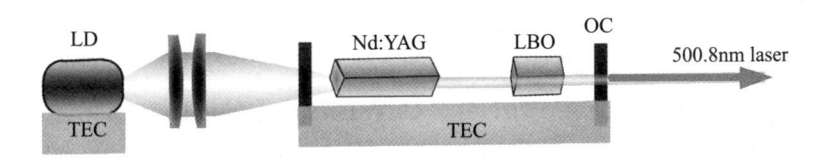

图1.1　500.8nm激光装置示意图
（LD：半导体激光器，TEC1：半导体制冷片1，TEC2：半导体制冷片2，LBO：三硼酸锂晶体，Nd:YAG：掺钕钇铝石榴石晶体，OC：输出镜，500.8mm laser：5008nm激光）

2005年，魏勇与张戈等针对1064nm长波段的强激光振荡问题进行了深入的探索。他们选择了Nd:YAG晶体作为产生激光的核心材料，这是一种能够在相同条件下产生多个不同波长激光脉冲的激光晶体，具有极高的光谱纯度和稳定性。其团队通过精心设计实验方案，最终实现了对1318.8nm和1338nm两个特定波长激光的同时输出，其各自的谱线宽度为0.407nm和0.376nm。该团队发现，当激光泵的功率达到惊人的2015W时，电光转换效率提升到5.0%，斜率效率达到7.05%，这些关键参数的优化组合使得双波长激光系统的总输出功率为101W。紧随其后的是2008年王加贤和张峻诚所领导的团队。他们采用的复合腔体结构为高效产生双波长激光束提供了新思路。他们利用半导体激光器来激发Nd:YVO$_4$晶体，这种晶体因其卓越的热管理性能而被广泛应用于激光领域。通过持续的实验探索，王加贤和张峻诚团队在激光泵功率达到13W时，成功获得了稳定的1064nm和1342nm激光输出，输出功率分别达到了1.59W和2.6W。这一成就标志着在高功率激光系统的研制上迈出了重要的一步。进入2010年，熊壮和他的同事们再次挑战自我，他们首次尝试使用平凹腔结构来实现更高效的双波长激光输出。这种新颖的腔体设计利用$Nd:YVO_4$激光晶体同时输出1064nm和1342nm的激光，这两个波长的激光都具有出色的光束质量，而且可以在频率合成的辅助下，连续输出491nm蓝色激光。熊壮等人的创新尝试不仅拓宽了激光技术的应用范围，也为未来激光治疗、精密测量等领域带来了新的可能性。2011年，C. Y. LI带领他的团队在国际上首次提出了通过Nd:YAG激光晶体实现双波长激光输出（1116nm和1123nm）的方案，实验装置如图1.2所示。当总的泵浦功率达到250W时，双波长激光的总输出功率达到23W。这个成果不仅彰显了Nd:YAG激光晶体在激光技术领域的强大实力，也为未来更高功率激光应用的发展铺平了道路。2013年，在激光技术的前沿领域，张华年和陈晓寒等研究人员迈出了重要一步。他们首次成功地实现了两种波长的激光同时输出，实验装置如图1.3所示。这一成就标志着激光技术的一个重大突破，对于激光科学与应用来说都具有划时代意义。当泵浦功率被调整到16.1W时，研究团队采用了先进的二极管半导体激光器作为光源，对高功率Nd:YAG陶瓷激光器进行泵浦。这种独特的泵浦方式不仅能够有效提升激光器的输出功率，还能实现两种不同波长的激光输出，即1112nm和1116nm。通过精确控制泵浦光的能量和相位，最终获得了3.43W的双波长总输出功率。在1112nm波段，激光输出功率为1.77W，而在1116nm波段，输出功率为1.66W。从2005年至2013年，中国科学家们在激光技术的各个方面不断取得重大突破。这些成就不仅推动了激光技术本身的进步，也为相关行业的创新发展奠定了坚实的基础。

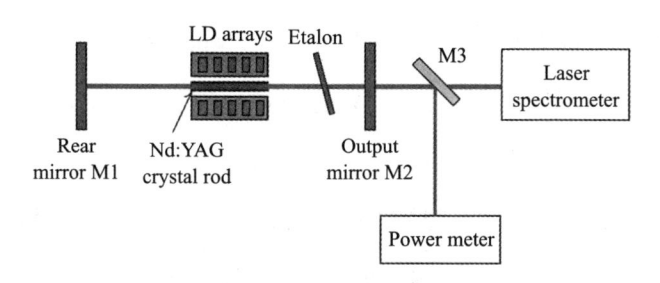

图 1.2　116nm 和 1123nm 激光装置示意图

（Rear mirror M1: 后方视镜 M1，Nd:YAG crystal rod: 掺钕钇铝石榴石晶体棒，LD arrays: 激光二极管阵列，Output mirror M2: 输出镜 M2，M3: 平面镜 M3，Power meter: 功率计，Laser spectrometer: 激光光谱仪）

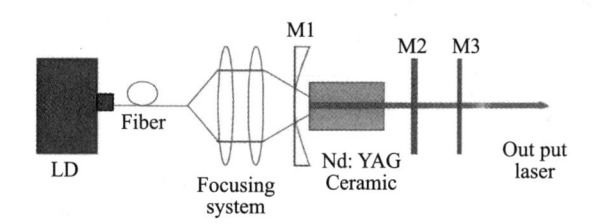

图 1.3　1112nm 和 1116nm 激光装置示意图

（Fiber: 光纤，Focusing system: 聚焦系统，M1\M2\M3: 透镜 M1\M2\M3，Nd:YAG Ceramic: 掺钕钇铝石榴石陶瓷，Output laser: 输出激光）

1.2.2　直接泵浦技术

在法国的科研领域，Damien Sangla、Marc Castaing和Françoise Balembois这些杰出学者在2009年取得了一项重要的突破。他们通过对Nd:YVO$_4$材料的高效率光泵技术进行了深入研究，首次实现了使用914nm波段的激光来抽运出波长为1064nm的激光输出。为了进一步验证这一成果，Sangla、Castaing和Balembois等科学家们开展了进一步的实验。他们在实验室中设置了严格的测试条件，旨在创造更加严苛的环境以模拟实际应用场景。经过不懈的努力和精细的控制，当914nm激光注入功率为14.6W时，成功地获得了输出功率为11.5W的1064nm波长激光高功率输出。此外，这项技术的另一个亮点是它的光电转化效率。根据最新的数据，该器件能够达到惊人的78.7%。这意味着在泵浦激光能量转换过程中，有近79%的能量被有效地转化为1064nm波长的激光输出能量。同时，该激光器在工作时的温度影响极小，量子损失（即激光输出与泵浦光之间的差异）仅为14.1%。这样的性能表现使得它成为一个在高精度测量、高速通信等领域具有强大竞争力的工具。

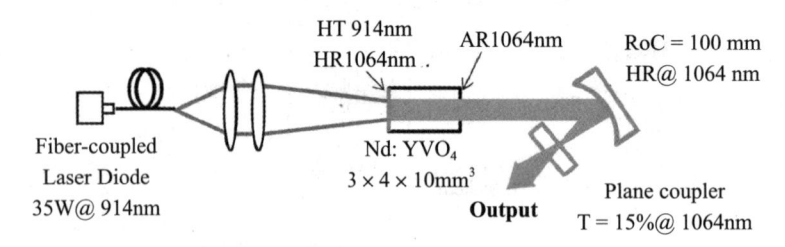

图 1.4　1064nm 激光装置示意图

（Fiber-coupled Laser Diode 35W@914nm:35W914nm 光纤耦合激光二极管，HT 914nm: 914nm 波长高透过膜系，HR 1064nm:1064nm 波长高反射膜系，AR 1064nm:1064nm 波长抗反射膜系，Nd:YVO$_4$:掺钕钒酸钇晶体，Plane coupler: 平面耦合器，T=15%@1064nm:1064nm 波长透过率为 15%，RoC=100mm: 输出镜半径 100mm，HR@1064nm:1064nm 波长高反射膜）

2009年，在激光技术的研究领域中，丁欣和陈娜以及他们的团队取得了令人瞩目的成果。通过使用885nm的全固态激光器作为光源，直接对Nd:YAG晶体进行泵浦，实现了同时输出1064nm和1319nm两个不同波长的激光。这一发现，不仅展示了双波长激光器技术的潜力，也为相关应用领域提供了新的可能性。为了验证这一方法的有效性，实验人员精心设计并执行了一系列测试。结果显示当泵浦功率达到2.1W时，能够分别获得高达825.4mW和459.4mW的激光功率。这样的数据充分证明了直接泵浦技术在提高激光效率方面的显著优势。进一步的对比分析揭示了该方法与目前广泛采用的808nm激光器泵浦相比所具有的明显优势。当采用相同的双波长输出情况时，通过885nm直接泵浦技术产生的1064nm激光的斜效率要高12.2%，而阈值低7.3%。这些数值的提升意味着更高效的能量转换过程，同时也降低了激光设备的操作难度，减少了能耗。在1319nm波长的激光器生成上，885nm激光器的直接泵浦同样展现出了优越性能。与传统的808nm间接泵浦方式相比，这种直接泵浦方法能使1319nm激光的斜效率高9.9%，并且阈值低3.5%。这一改进的效率和精确度，对于需要精确控制激光输出的应用场景来说是非常宝贵的。此外，为了进一步提升激光系统的稳定性和可靠性，研究人员还注意到了热沉

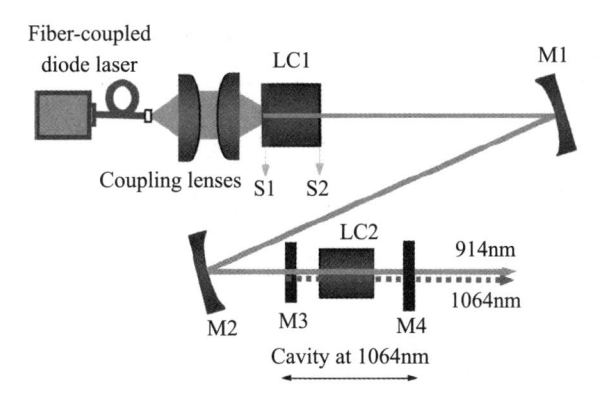

图1.5 914nm和1064nm激光装置示意图

（Coupling lenses: 耦合透镜，LC1: 激光晶体1，LC2: 激光晶体2，Cavity at 1064nm: 1064nm激光谐振腔，S1/S1：表面1/表面2）

积问题的减少。在整个实验过程中，由于直接泵浦方式的低损耗特性，热量分布更加均匀，导致热沉积分别减少了19.8%和11.1%。这表明，直接泵浦技术在散热管理方面同样表现出色，有助于延长激光器的工作寿命，确保长期稳定运行。

在2010年的激光研究领域中，吕彦飞领导的团队无疑是一个引人注目的存在。他们在国际上首次提出了一种创新的技术方案，这项方案利用两种激光晶体Nd:YVO$_4$和Nd:YAG，以此来实现一个独特且高效的双波长输出系统。具体来说，该系统能够同时输出波长为1064nm的激光和914nm的激光，这在以往的技术中几乎是不可能的。为了实现这一壮举，实验首先从879nm的半导体激光开始。这个激光器将能量传递给第一块Nd:YVO$_4$晶体，产生出914nm的准三能级激光。这种直接泵浦过程使得激光器能够直接获取所需的能量，而无需经过复杂的光电转换过程。随后，由914nm的准三能级激光通过另一块Nd:YAG激光晶体，得到了波长更长的1064nm激光输出。同样采用直接泵浦方式，这一步骤确保了两个不同波长的激光输出可以相互独立地调整和控制。当879nm激光器的泵浦功率达到了13.8W时，双波长激光的总输出功率达到了4.28W。这一结果不仅显示了激光系统的高效率，也展示了其在工业、医疗和科研等多个应用领域的巨大潜力。特别值得一提的是，在测试最大输出功率时，914nm激光和1064nm激光的M^{2}值分别稳定在1.1和1.3，这表明了激光器在这种配置下具有很好的稳定性和精确性。

1.3 腔内泵浦双波长技术的研究现状及应用

在现代激光科技的浪潮中,双波长激光技术以其独特的优势和潜力,已然成了科研工作者们竞相追逐的前沿技术。这种激光技术能够同时产生两种不同波长的激光光束,从而实现更为广泛的应用场景。它的发展历程充满了探索与挑战,每一次技术的进步都为未来的广泛应用奠定了坚实的基础。

回顾历史,双波长激光的概念并非一蹴而就。早在2010年,熊壮和宋慧营等研究者就已经开始研究如何利用LD(高功率密度)传统泵浦方法,结合$Nd:YVO_4$晶体,来制造出双波长激光束。他们的努力不仅验证了这一理论的可能性,而且通过实际操作,成功地生成了1064nm和914nm的双波长激光束。更值得一提的是,他们通过腔内和频技术,使得491nm的光与其他波长之间的光—光转换效率得以提升至0.05%,这无疑是一项令人印象深刻的成果。这项成果对后续的研究产生了深远的影响,同时也向我们展示了腔内泵浦技术在提升转换效率上的巨大潜力。紧接着2013年,随着付喜宏和彭航宇等人的加入,腔内泵浦技术再次迎来了发展的高潮。他们利用Nd:YAG晶体配合$Nd:YVO_4$晶体进行实验,并运用腔内和频技术生成最高达到500.9nm的输出激光。虽然他们的光转换效率仅2.6%,但这个数值仍然证明,腔内泵浦技术有能力大幅提升激光系统的效率。尽管目前这一技术仍面临着不少技术难题,比如对腔镜膜系的高要求,这些严苛的条件无疑限制了单一材料增益介质技术方案的进一步发展。

总结来说,相比较于传统泵浦技术,腔内泵浦技术在提高转换效率方面展现出了显著的优势。然而，这种优势的实现需要依赖精密的膜系控制，包括膜系的厚度、质量以及其位置等多个参数，任何微小的差异都可能影响到整个系统的稳定性和效率。因此，要想充分发挥腔内泵浦技术的潜力，还需要不断突破现有的技术限制，寻求更高效、稳定的解决方案。只有这样，才能让这项技术在不久的将来得到更加广泛的应用，并在多个领域中扮演起关键角色。

在当今科技高速发展的时代，激光技术已经成为推动各种先进工业和科学研究的核心力量。尤其是在追求高功率输出和高性能指标的需求驱动下，开发能够同时产生两种波长激光的激光器成了科学界的一项重大课题。这个难题不仅挑战了传统的激光技术理论，而且还需要创新的解决方案来应对复杂的物理现象。

以往，人们普遍依赖于采用单一类型的增益介质来实现这种双波长激光输出。这种方法虽然简单直接，但也存在着显著的局限性。首先，当泵浦光被注入单一的增益介质中时，其中多条激光谱线将会同时参与能级跃迁过程，这就导致了这些谱线之间激烈的增益竞争。由于每种波长的增益有限，因此每个谱线都必须与其他谱线争夺宝贵的能量，从而影响了系统的性能表现。其次，当在谐振腔内进行高泵浦功率注入时，激光增益介质内部会产生一个热透镜效应。这一效应会导致增益介质内温度升高，进而可能引起材料结构的不稳定或热应力，严重影响激光器形成良好稳定性和可靠性。高温还可能导致光学元件变形，减少其使用寿命，甚至可能造成激光输出质量下降，使得双波长激光的输出功率和转换效率受到负面影响。

鉴于这些问题，本书深入探讨了一种新颖的设计方案——腔内泵浦技术。在腔内引入两个增益介质，使得两种波长的激光分别产生在各自的增益介质中，从而有效地解决了增益竞争问题。这样做不仅提高了激光输出功率的转化效率，还显著增强了其稳定性。

在20世纪90年代中期，美国科学家R. C. Stoneman提出了一种全新的激光技术——腔内泵浦。这一概念的提出，不仅为激光研究领域带来了革命性的进展，而且对整个光通信和激光雷达等领域产生了重要影响。腔内泵浦技术的核心在于利用腔内的两个激光增益介质之间的相互作用。具体而言，泵浦过程可以分为两个主要步骤来阐述：

首先，第一个增益介质接受自外部半导体激光的泵浦。当这些外部激光的能量传递到增益介质时，便会激发出准三能级谱线振荡。这种谱线是通过激光的泵浦能量将光子从较低能级提升至更高能级所产生的。由于准三能级谱线处于$0.9\mu m$的能级范围内，因此该介质被称为$0.9\mu m$激光增益介质。

其次，以$0.9\mu m$激光增益介质作为腔内第二个激光增益介质的泵浦源使用。当第二个增益介质接收到来自$0.9\mu m$增益介质的激发辐射时，就会开始自发地发射出四能级的激光输出，至此利用腔内泵浦技术能够实现双波长的激光输出。

值得注意的是，腔内泵浦技术之所以能够成功应用，一个关键因素在于激光增益介质在$0.9\mu m$附近的吸收峰。这一点可以在表1.1中找到清晰的体现。事实上，大多数激光增益介质都具备这样的吸收特性，这意味着它们很容易被用作腔内泵浦的泵浦源，从而在腔内形成理想的双激光波长输出。总结而言，通过结合腔内泵浦技术和现有的激光增益介质特性，可以克服单一增益介质带来的限制，实现高效和稳定的双波长激光输出。这种激光器在多个应用领域都有着潜在的巨大价值，包括但不限于激光雷达、生物医学成像、光纤通信和军事领域等。随着技术的不断进步和优化，相信未来将看到更多基于此技术的双波长激光产品出现在市场上。

表1.1 常见的激光增益介质在0.9μm吸收的相关参数

增益介质	Nd:YVO$_4$	Nd:GdVO$_4$	Nd:LuVO$_4$	Yb:KY（WO$_4$）$_2$
泵浦波长	914nm	912nm	916nm	~0.9μm
吸收截面 10^{-20}cm^2	0.12	0.23	0.38	~0.4
吸收效率（腔内泵浦均为双通）	4.5% at.%=0.1% l=5mm	5.6% at.%=0.1% l=5mm	7.9% at.%=0.1% l=5mm	~8% at.%=10% l=5mm

1.3.1 国外研究现状

自从腔内泵浦技术这一概念被提出以来，它便在光子学领域掀起了一股革新的浪潮。特别是在2006年，这个概念得到了更进一步的发展和应用。当时，来自法国的杰出科学家Emilie Herault与Francois Balembois联手，共同深入研究并取得突破。他们首次将914nm激光能量注入Nd:YVO$_4$晶体中，实现了通过腔内泵浦的方式产生波长为1064nm的激光输出。这一突破性进展不仅展示了腔内泵浦技术在合成高功率、低阈值激光方面的巨大潜力，同时也标志着对激光技术未来发展方向的一个重要贡献。2010年，来自法国的科学家Francois Balembois及其研究团队在激光技术领域取得了显著成就，他们通过精心选择增益介质材料，成功实现了腔内泵浦的981nm激光的稳定输出。这些增益介质分别是Nd:YVO$_4$和掺镱钨酸钇钾（Yb:KYW），它们在激光放大过程中起着至关重要的作用。在这一实验中，泵浦源被设计为中心波长为808nm，光斑半径达到100μm，而Nd^{3+}的掺杂浓度则被精确控制在0.1at.%的水平。通过对

Nd:YVO$_4$晶体进行精细操作,研究人员们获得了914nm的激光输出,随后将该腔内产生的914nm激光用作Yb:KYW激光增益介质的泵浦源。在Z型腔结构的帮助下,981nm的谱线振荡得以实现,从而形成一个高效的激光振荡系统。值得一提的是,当泵浦功率提升至23W时,981nm激光的输出功率可以达到1W的量级,显示出这种高增益材料在激光放大方面的巨大潜力。紧随其后,来自意大利的科学家Gholamreza Shayeganrad也在激光研究领域发表了重要报告。他介绍了使用二极管泵浦端面泵浦技术来激活不同尺寸和掺杂条件的Nd:YVO$_4$晶体和Yb:KYW晶体,以产生1178.9nm和1199.9nm波长的激光输出实验(图1.6)。在实验中,当泵浦功率为19W,重复频率可达20kHz,最终获得的总平均功率为0.765W,脉宽仅为36ns,而且光—光转换效率达到4%。这样的结果充分展示了二极管泵浦端面泵浦技术在激光放大中的高效性和精确性。以上两项实验均表明,对于特定类型的增益介质,如Nd:YVO$_4$和Yb:KYW,在适当的泵浦条件下,可以产生高质量的激光输出。特别是当涉及大尺寸和高纯度掺杂的Nd:YVO$_4$晶体时,其能够提供的能量输出更为强大,这为未来激光应用的拓展奠定了基础。同时,通过精确控制激光的光谱特性,科学家们还能够更有效地利用这些激光器,进一步推动激光技术在工

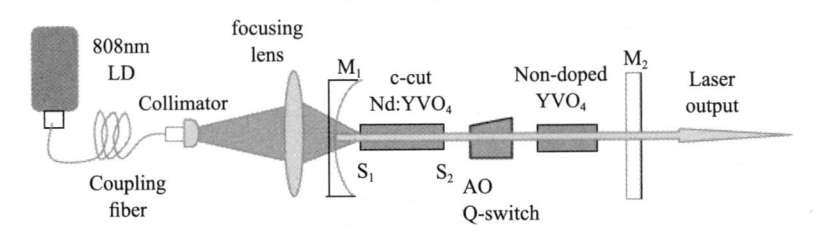

图1.6 1178.9nm 和 1199.9nm 双波长激光器实验装置图
(808nmLD:808nm激光半导体激光器,Collimator: 平行光管,Coupling fiber: 光纤耦合,c-cut:c轴切割,AO Q-switch: 声光调Q开关,Non-doped YVO$_4$: 无掺杂钒酸钇晶体)

业、医疗和科研等多个领域的发展。实验所用的实验装置图清晰展示了整个过程的细节，有助于研究者和工程师们更好地理解和应用这些技术。

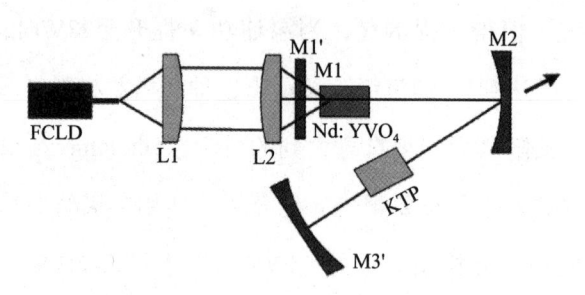

图 1.7　1342nm 和 1064nm 和频激光器装置图

2014年，印度科学家A. J. Singh等人发表了一项研究，详细报道了一种新型腔内和频DPSS（二极管泵浦固体激光器）Nd:YVO$_4$激光器。该激光器采用了特殊的增益介质Nd:YVO$_4$，其尺寸精确为4mm×4mm×10mm，并且在这种材料中掺杂了0.3at.%的浓度。这项技术的关键在于泵浦功率的控制和优化，当泵浦功率为13.6W时，可以分别获得两种不同波长（1064nm和1342nm）的激光输出功率，分别达到2.2W和1.9W。为了进一步提高激光性能，研究团队在腔内引入了Ⅱ类匹配的KTP晶体，该晶体的长度设计为10mm。通过巧妙地对两束激光进行腔内和频处理，能够实现更为高效的能量转换和输出。实验结果表明，当注入功率为11.5W时，所产生的593.5nm黄光激光的输出功率可达550mW，而且光—光转换效率高达3.83%，光束质量因子则达到4.3。次年，西班牙科学家J. M. Serres等人又取得了一项令人瞩目的成就，他们利用Tm:KluW晶体成功制造出了紧凑的腔内泵浦微片Ho:KluW激光器。泵浦光的中心波长设置为805nm，而Tm:KLuW晶体对此有较强的吸收作用，其吸收泵浦功率仅为5.6W。这样的配置使得对应的输出波长为2080nm，并实现了285mW的最大连续输出功率，以及8.3%的最大斜率效率。更令人印象深刻的是，激光器在Tm^{3+}和Ho^{3+}这两种激发子的共同作用下，可以产生最大输出功率的887mW输出功率，且斜效率高达23%。特别值得一提的是，Tm^{3+}激光源的发射波段为1867~1900nm，而Ho^{3+}激光源的发射波段为2078~2100nm。这两种激发子的组合不仅展现了它们各自的特性，也展示了腔内泵浦微片激光器的强大功能。该激光器的实验装置在图1.8中有着详尽的说明，为后续学者的理解和分析这一领域的技术提供了宝贵的资料。这两项研究不仅证明了腔内泵浦激光器在提高输出功率、降低能耗方面的巨大潜力，而且还揭示了通过精确控制激光材料的性质来优化激光性能的可能性。随着研究的深入和技术的发展，相信未来将会有更多创新的激光器应用于工业、医疗和科研等各个领域，为人类社会带来更加光明和便捷的未来。

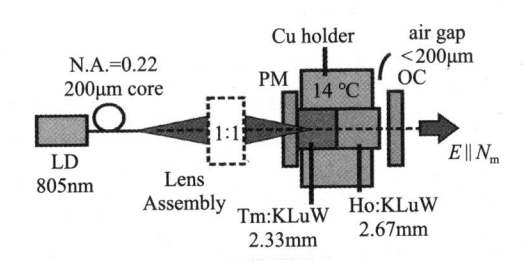

图1.8 二极管泵浦Tm:KLuW激光器泵浦实验示意图

（N.A.=0.22: 光纤数值孔径为0.22，200μm core:200μm芯径，Lens Assembly: 透镜组，PM: 透镜，Cu holder: 铜制托架，Tm:KLuW 2.33mm: 掺铥钨酸镥钾晶体长度为2.33mm，Ho:KLuW 2.67mm: 掺钬钨酸镥钾晶体长度为2.67mm，air gap<200μm: 空气间隙小于200μm）

澳大利亚的研究团队在2018年成功地报道了一种新型腔内倍频外腔拉曼激光器。这一技术的核心在于，通过精心设计的Nd:YAG晶体激光器生成的1064nm激光，利用拉曼频移技术转换为波长为1240nm的激光。这种特殊的转换过程不仅实现了不同波段激光的直接输出，还显著提升了能量的利用率。该激光器的内部结构采用了一个尺寸为4mm×4mm×10mm的三硼酸锂（LBO）晶体作为共振腔，有效地集成了高功率输出和高效率转化的双重优势。在这个精巧的晶体腔内，通过精确的温度控制和激光腔的微调，科学家们能够获得稳定且高质量的激光输出。特别值得一提的是，当泵浦功率达到97W时，系统能够同时产生1240nm和620nm两种激光的二次谐波，这种双光束模式的输出使得激光器在多个应用领域都展现出巨大潜力。实验数据显示，这种激光器的输出功率高达30W，而且其转化效率达到了令人印象深刻的14.9%。此外，光束质量因子M^2值被优化至1.1，这意味着激光器在发射时提供了极其均匀和质量优良的光场，确保了在各种光学测量、精密加工和医疗诊断等领域中的卓越性能。整个实验装置的示意图清晰地展示了激光器工作原理及其性能特点，可以参考图1.9来深入了解其技术细节。

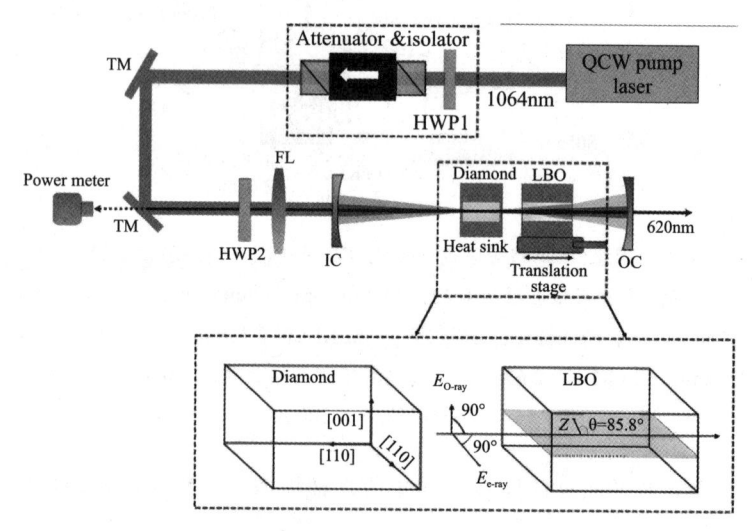

图1.9 腔内倍频620nm激光器实验装置图

（TM: 透镜，HWP1: 半波片1，HWP2: 半波片2，FL: 聚焦透镜，IC: 输入镜，Diamond: 晶体、金刚石，Heat sink: 热沉器件，LBO: 三硼酸锂晶体，Translation stage: 平移台，OC：输出镜，Attenuator&isolator: 衰减器与隔离器）

1.3.2 国内研究现状

在国内，对于腔内泵浦技术的研究主要以长春理工大学和哈尔滨工业大学为主要研究力量，在2010年，长春理工大学的吕彦飞及其团队深入研究了激光技术，特别是在腔内倍频和光谱调制方面取得了突破性进展。他们选用了Nd:GdVO$_4$和Yb:KYW这两种增益介质，并通过精心设计的腔内倍频系统，成功实现了490.5nm波长激光的输出。具体来说，该课题组首先采用了808nm激光二极管作为泵浦源，而912nm和981nm的激光则分别在Nd:GdVO$_4$和Yb:KYW这两块介质中被激发。如图1.10展示的那样，在腔内泵浦结构的作用下，912nm激光成了泵浦源，触发Yb:KYW增益介质中的谱线跃迁。随后通过LBO倍频晶体，将两束激光分别进行倍频处理，从而稳定地输出了490.5nm的激光。值得注意的是，当808nm的泵浦功率达到19.5W时，能够实现106mW的输出功率，这一数据对于该领域的研究具有重要意义。

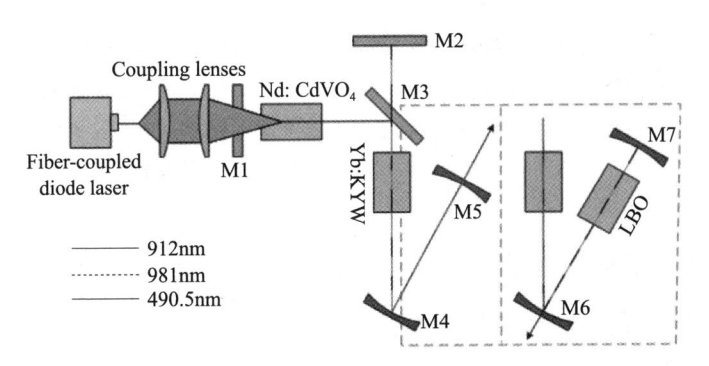

图 1.10　腔内泵浦 Nd:GdVO$_4$–Yb:KYW 倍频激光器实验装置

（Fiber-coupled diode laser: 光纤耦合二极管激光器，Coupling lenses: 耦合镜组，M1: 输入镜，Nd:GdVO4: 掺钕钒酸钆晶体晶体，Yb:KYW: 掺镱钨酸钇钾晶体，LBO: 三硼酸锂晶体，M2/M3/M4/M5/M6: 平面反射镜，M7: 输出镜）

紧随其后，吕彦飞团队又进一步拓宽了实验范围，继续报道了使用两块Nd:YVO$_4$增益介质来实现腔内和频并产生496nm蓝绿光激光的方法。他们将两束波长的激光分别注入两个Nd:YVO$_4$增益介质中，通过特定的能级跃迁过程，实现了914nm和1085nm的激光输出。具体来说，当914nm和1085nm激光的腔内功率分别达到了57W和62W时，研究者们在腔内加入了LBO和频晶体，并对两束激光进行腔内和频处理。最终，当19.6W的泵浦功率被施加时，成功地实现了142mW的496nm蓝绿激光输出。实验装置的详细图也在图1.11中得以呈现，为科学界提供了宝贵的参考信息。

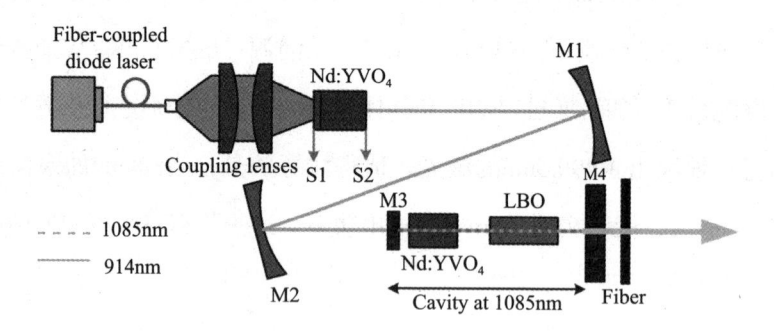

图1.11　腔内泵浦496nm蓝绿激光器实验装置图

（Fiber-coupled diode laser: 光纤耦合二极管激光器，Coupling lenses: 耦合镜组，Nd:YVO$_4$: 掺钕钒酸钇，M1: 输入镜，M2/M3: 平面反射镜，M4: 输出镜，Cavity at 1085nm:1085nm 激光谐振腔，Fiber: 光纤器件）

这两个研究组的工作不仅证明了通过腔内技术可以实现高精度的波长转换，还表明了在激光频率转换领域，利用不同介质的特性可以大幅度提升激光性能，甚至实现对特定波长的可控调节。这些成果对于未来激光技术的发展无疑是一大助力，为光谱学、精密测量以及相关科学研究提供了更为强大的工具。随着时间的推移，这些技术的应用可能会更加广泛，从医疗成像到国防科技，激光技术都可能发挥出更大的潜力。

2011年，长春理工大学的李永亮教授及其团队在国际激光研究领域取得了重要突破。他们首次报道通过腔内和频技术，实现了554.9nm波长黄绿激光的输出。在这一成果中，946nm和1064nm两束激光的跃迁过程分别被精确控制在$^4F_{3/2}$-$^4I_{9/2}$和$^4F_{3/2}$-$^4I_{13/2}$之间。他们在双层折叠谐振腔结构中加入了磷酸氧钛钾（KTP）晶体，这是一种能够增强激光能量吸收效率的材料。当他们将两束不同波长的激光光束在这种独特设计的腔内进行和频时，Nd:YAG和Nd:YVO$_4$两种激光晶体分别从泵浦光中吸收了30W和20W的能量，最终获得了输出功率高达15W的554.9nm黄绿光激光。此外，光束质量因子M^2的数值小于1.22，这意味着他们所获得的激光光束具有良好的聚焦性能和较小的发散角，从而确保了激光器具有更好的光束整形能力和更高的应用价值。在2015年，著名学者陈元富及其团队发表了一篇重要的研究报告，详细阐述了他们对946nm和1064nm双波长激光输出的理论模型的深入分析。这份报告不仅包含了理论模型，还通过数值模拟的方式，展示了如何确定在最大输出功率下，不同波长激光在输出镜反射率方面的性能表现。在这篇报告中，研究者们利用先进的计算机模拟技术，对激光系统的输出特性进行了细致的探讨。他们首先设定了泵浦功率固定为17W的条件，然后根据理论计算，预测了946nm和1064nm两种不同波长激光在特定功率水平下的输出功率值。结果表明：当泵浦功率为17W时，946nm和1064nm激光器能够分别获得2.51W和2.81W的输出功率。此外，当考虑到双波长激光器的阈值功率时，即每束激光的最低输出功率必须达到4W才能正常工作，研究者们发现实际得到的数据与理论模拟结果相差无几，从而验证了理论预测的准确性。

2018年，天津大学的刘阳等人发表了一项研究成果，他们报道了一种能够产生双波长激光脉冲激光器的新方法。这种激光器利用特殊的实验装置，展现了在激光技术领域的一个重要进展。该实验中，泵浦光的中心波长设定为805nm，这为后续的激光工作提供了明确的基础。具体来说，研究者们使用了两个不同的增益介质来产生所需的两个不同波长（1506nm和1535nm）的激光脉冲。首先，将长度为7mm、掺杂浓度为0.6at.%的Nd:YAG增益介质置于激光腔内，以此作为产生高达1064nm波长的激光的第一步。其次，通过优化设计和精确控制，使得这一增益介质与长度为20mm、掺杂浓度为1at.%的a-cut Nd:YLF介质相结合，从而产生1047nm的激光。在这个过程中，a-cut KTA非线性晶体被巧妙地应用于相位匹配中，以实现两束激光之间的最佳能量耦合。实验结果显示，当泵浦功率达到10W时，1064nm和1047nm激光的输出功率分别达到1.4W和1.43W，而两束波长的单脉冲能量都稳定在0.24mJ左右，表明激光器在稳定性和效率上均表现出色。整个实验装置的详细布局如图1.12所示，展示了高精度的光学元件配置和精细的实验操作流程。次年，长春理工大学的胡伟伟等人也报道了类似的研究成果。他们利用了Nd:GdVO$_4$和Yb:YAG两块增益介质，成功获得了912nm和1030nm这两个波长的双波长激光输出。在这项实验中，Nd^{3+}的掺杂浓度为0.15at.%，而其长度为3mm×3mm×2.5mm的Nd:GdVO$_4$增益介质被选作912nm激光的输出增益介质。同时，Yb^{3+}的掺杂浓度为0.5at.%，对应于长度为3mm×3mm×3mm的Yb:YAG增益介质，则用作1030nm激光输出的增益介质。为了保持谐振腔的高度一致性，这些材料均被放置在特定的位置并进行了精心的排列。当泵浦功率为25W的条件下，912nm和1030nm激光的输出功率分别提升到0.97W和1.33W，并且对应的光—光转换效率达到了9.2%，这是一个相对较高的转换效率，足以证明激光器在高能物理和精密测量等领域具有潜在的应用价值。这些研究不仅展示了天津大学和长春理工大学在激光技术领域的专业能力，而且还展示了如何通过合理的材料选择和结构设计来实现高效、稳定的双波长激光产生。

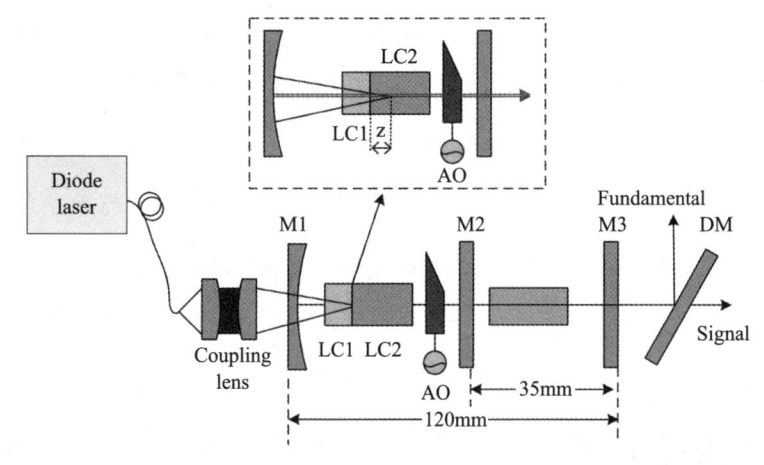

图 1.12　腔内 1506nm 和 1535nm 双波长激光器实验装置图
（AO: 声光晶体，Fundamental: 基频光，Signal: 信号）

在现代激光技术领域，腔内泵浦技术已经成为一个极具潜力的热点研究方向。这项技术最引人注目的应用之一就是双波长激光器的制造与输出。具体来说，腔内泵浦双波长激光器通过采用两个独立的增益介质来产生两束波长各异的激光光束。这种独特的设计有效避免了不同模式之间的潜在增益竞争，为激光技术的发展开辟了新的道路。在众多的研究报告中可以发现，利用腔内泵浦技术结合非线性变频技术，研究者们已经成功地制造出了487nm、491nm、496nm、554.9nm等一系列新型波段的双波长激光器。这些激光器在光谱分析、通信系统、医疗成像以及精密测量等领域都展现出巨大的应用潜力和优势。特别值得一提的是，"L"型腔和"Z"型腔作为主要的变频腔型设计，其性能表现尤为突出，为双波长激光的发展提供了强有力的技术支持。然而，尽管腔内泵浦双波长激光器的研究取得了一定的进展，但在全固态激光器的全研究领域中，关于基于腔内泵浦技术的双波长激光线宽压缩的研究却仍然显得有些滞后。这意味着，在窄线宽的双波长全固态激光器方面还有很长的路要走。

在本书深入探讨的内容中，将详细介绍准三能级激光和四能级激光在各自增益介质中的谱线跃迁过程，以及它们如何从单一增益介质中避免增益竞争的挑战。通过对比传统泵浦方法，将揭示利用腔内泵浦技术进行双波长激光输出的显著优势。这项技术不仅提高了泵浦光光子与激光光子之间的斯托克斯转换效率，而且还能显著降低在激射过程中由增益介质产生的废热问题。此外，它还能提升光束质量，从而进一步增强转换效率。本书的目的在于构建一个能够正确描述窄线宽双波长激光器中准三能级激光和四能级激光同时稳定运转的理论模型。这个模型不仅有助于理解激光器的工作原理，而且还能够指导实验人员优化器件结构，实现更高性能的激光器设计。随着对腔内泵浦双波长窄线宽全固态激光器研究的不断深入，期待这本书能够为相关领域的研究人员和工程师提供宝贵的参考和帮助。

1.4
窄线宽激光器的研究现状、发展趋势及应用

在当今世界，随着科技的飞速发展和应用需求的不断扩大，人们对窄线宽激光器的研究逐渐升温。这种激光器以其独特的性能优势，在军用激光通信、光纤传感技术、环境监测等领域展现出巨大的应用潜力。窄线宽激光器因其能够在极短的线宽范围内产生高功率激光，从而在许多关键技术中扮演着重要角色。为了实现对激光线宽的精确控制，研究人员采取了一系列创新的技术手段。通过环形腔设计、体光栅构造、高性能F-P可调

谐滤波器的使用、光学反馈调制以及标准具校准等方法，可以显著提升激光器的稳定性和输出质量，使得线宽压缩变得更加高效和精准。这些措施不仅提高了激光器的性能，也为其在不同应用场景下提供了更多可能性。

目前，窄线宽激光器的研究主要集中在掺有Er^{3+}和掺有Tm^{3+}的光纤激光器上。这两种材料在光谱中表现出特殊性质而受到研究者的青睐。特别是对于光纤激光器而言，它们不仅具有良好的光束质量和较高的功率转换效率，而且还能在大带宽条件下保持稳定的输出特性。然而，与光纤激光器的研究相比，对于掺有Nd^{3+}的全固态双波长激光器的线宽调制研究，目前仍处于起步阶段。虽然已经取得了一些进展，但要实现实用化的目标，仍然需要克服众多技术难题。鉴于此，深入研究掺Nd^{3+}全固态双波长激光器线宽压缩的相关技术显得尤为重要。这项工作不仅可以推动该领域的研究进步，同时也有望解决实际应用中遇到的问题，如传输距离、频率调谐精度、能量转换效率等。因此，科研工作者应当继续投入资源，开发新的技术和材料，以期在不久的将来，能够将这项技术推向商业化，为各行各业带来革命性的变革。

1.4.1 窄线宽激光器研究现状

目前F-P干涉技术在军用光纤传感器、环境监测、超精密光谱分析等前沿技术领域都得到了广泛的应用。

1.4.1.1 国外研究现状

在1897年，人类科学的一个重大进步发生了。当时，法国科学家法布里和珀罗合作开发出了一台多光束干涉仪，这是世界上第一台具备实际应用价值的仪器。这个里程碑式的研究成果不仅展示了他们的专业知识和实验能力，而且也预示着现代光学技术的诞生。为了纪念在激光物理学领域做出了卓越贡献的这两位科学家，人们便用他们的名字为"Fabry-Perot干涉仪"命名，这一设备不仅以两人的名字命名，更是享誉全球的知名仪器，它见证了光学技术的发展和创新。2016年，美国科学家Lew Goldberg与他的团队将以下研究成果公之于众：通过采用四倍频1030nm激光并结合被动调Q技术的掺镱钇铝石榴石（Yb:YAG）激光器，成功地实现了高分辨率拉曼光谱所需的1030nm和257nm激光输出。在这项研究中，其团队利用布拉格光栅技术实现了UV-Raman光谱所需的极窄线宽0.1nm。这种巧妙的设计使得在1030nm波长下可以产生高达100kW的峰值功率和250J的脉冲能量，而平均输出功率仅为3.6W。当使用12.4W的泵浦功率时，研究者利用LBO晶体进行二次倍频处理，从而获得了2.5W的515nm激光输出。紧接着，对长度为7mm的BBO晶体进行四倍频处理，又产生了1.1W的257nm激光输出。最终，这套系统的非线性转换效率达到了31%。在被动调Q的Yb:YAG激光器中，科学家们采用VBG激光输出耦合器，成功地实现了高分辨率拉曼光谱所需的1030nm和257nm激光输出。这些激光输出具有非常狭窄的带宽，分别为0.1nm和0.025nm，保证了高效率和高精度的光谱测量。实验装置的详细布局被清晰地展示在图1.13中。

2018年，以色列的Uzziel Sheintop和他的团队在光学领域的研究取得了显著进展。他们成功地开发出了一种新型可调谐的窄带宽端面泵浦Tm:YAP激光器，这种激光器以其独特的设计理念和优异的输出特性，引起了广泛关注。该激光器在1917~1951nm波段内具有连续35nm的可调性，这一性能指标对于激光器在精密测量、医疗诊断以及光信息处理等应用场景中具有重要意义。该激光器的功率变化范围可以在2.46~3.88W

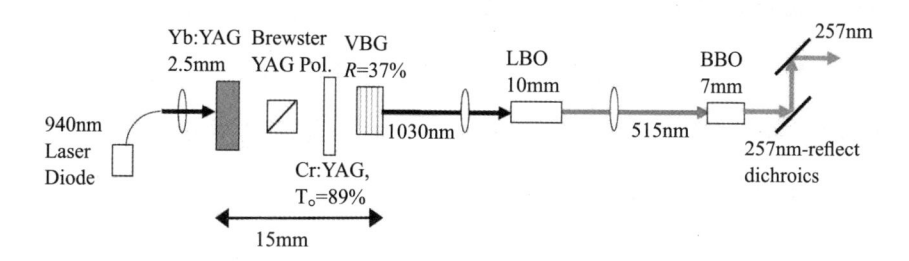

图 1.13　四倍频 1030nm 被动调 Q 激光器实验装置图

（Yb:YAG: 掺镱钇铝石榴石晶体，Brewster YAG Pol.: 布鲁斯特 YAG，VBG: 体布拉格光栅，BBO: 偏硼酸钡晶体，257nm-reflect dichroics:275nm 波长的反射镜）

之间调节，这一参数范围为实际应用提供了灵活性。特别值得一提的是1934nm激光在阈值功率设定为3.2W时，当泵浦功率达到12.1W时，激光能够实现最大输出功率3.88W，而对应的谱线全宽（FWHM）仅为0.15nm，显示出极高的输出功率和良好的光束质量。实验所使用的实验装置，详细描述可参见图1.14，为研究人员提供了清晰直观的操作指南。

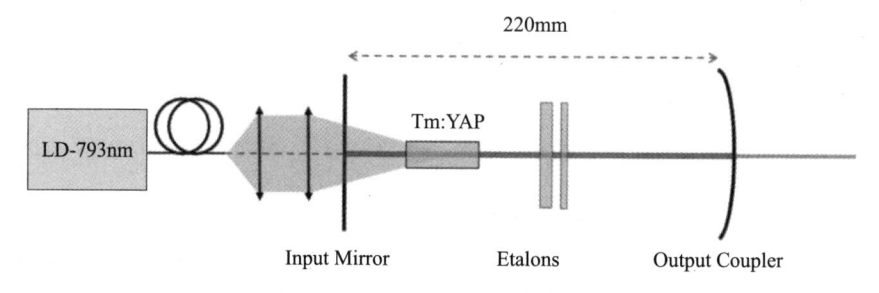

图 1.14　Tm:YAP 激光器实验装置图

（Input Mirror: 输入镜，Output Coupler: 输出耦合镜，Tm:YAP: 掺铥铝酸钇晶体）

紧接着在2019年，法国利摩日大学的Sabra M及其同事也在光纤激光器领域做出了创新性的贡献。他们报道了一种双波长光纤激光器，这种激光器通过掺有铥元素的光纤和体布拉格光栅结构实现了2μm波长的激光输出。这种激光器的波长范围为1~144nm，对应0.08~11.47THz频率，显示出极宽的调谐范围。在调谐范围内，输出功率可以大于4.5W，这对于需要精确控制激光波长的应用来说是非常有利。当泵浦功率为25W时，激光线宽FWHM小于0.1nm，表明激光器在短波长调整（1~14nm范围内）时仍能保持较高的输出功率，最大可达7W。实验所用的双波长光纤激光器的具体设计与细节可参考图1.15。

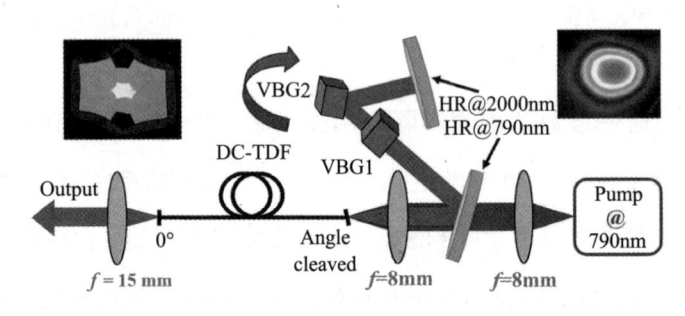

图 1.15 可调谐双波长激光装置原理图
（Angle cleaved: 角度切割，DC-TDP: 直流电源设计功耗）

1.4.1.2 国内研究现状

随着科技的不断进步和激光技术的飞速发展，中国科学院长春光机所付喜宏教授领导的研究团队在2007年取得了一项令人瞩目的成果。他们专注于对谐振腔的输出镜膜系进行精心的设计与优化，通过这一系列的努力，成功实现了单块增益介质Nd:YVO$_4$所产生的双波长激光的稳定输出。具体而言，这种激光输出的波段分别是1064nm和1342nm。为了进一步提升激光器的性能，该团队在腔内巧妙地添加了Ⅰ类相位匹配的LBO（线状晶体）和频晶体，从而实现了两束激光的腔内和频。这项技术的应用极大地提高了腔内激光的效率和稳定性。当使用2W泵浦功率时，系统输出了593.5nm的橙黄色激光，功率达到52mW，但值得注意的是，此时的RMS噪声相对较大，为6.8%。然而，通过在腔内添加标准具并实施腔内选频策略，团队最终得到了单纵模宽度为600MHz、输出功率为34mW的593.5nm激光输出，同时将RMS噪声降低至0.3%。这表明他们不仅优化了激光器的腔内设计，还大幅度提升了其性能。次年，哈尔滨工业大学的段晓明教授及其团队采用了双端泵浦的Tm:YLF激光器作为实验平台。当泵浦功率设置为24W时，在1910~1926nm的波长范围内获得了最高8.9W的输出功率，斜效率高达51.4%。更令人印象深刻的是，在引入体光栅后，能够获得线宽仅为0.3nm的1909.5nm激光输出，这一成果表明激光器的分辨率得到显著提升，实验装置如图1.16所示。这些研究成果为后来的研究者提供了宝贵的参考资料。不仅展示了中国科研人员在激光技术方面的实力，也为全球激光产业的发展贡献了重要力量。随着这些先进技术的不断完善和商业化应用，可以预见到未来激光技术将在工业制造、医疗美容、信息通信等多个领域发挥更加重要的作用。

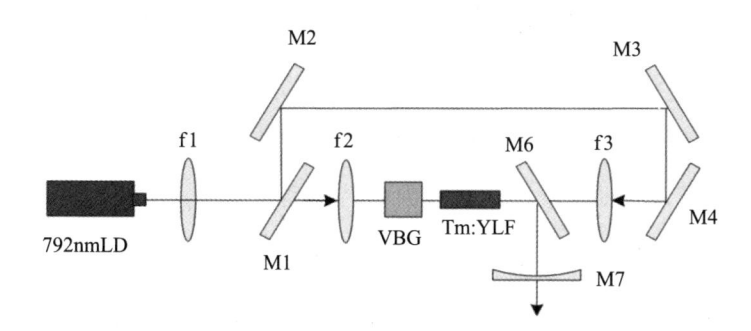

图 1.16 LD 双端泵浦 Tm:YLF 激光器实验装置图

2013年，中国工程物理研究院应用电子学研究所的李楠带领其团队开展了一项新的研发工作。他们成功研制了一台使用F-P标准具作为准直器的全固态1064nm连续激光系统。这台激光器的关键组成部分是一块自制封装的二极管侧面泵浦的Nd:YAG晶体棒模块,它被巧妙地安置在两块模块间的90°石英旋转器上,用以补偿热致双折射现象。在全反镜之后放置了标准具,通过补偿透镜的帮助增大了基模体积,从而实现了线偏振的激光输出。在这种配置下,谐振腔的长度被调整到了550mm。当施加的工作电流达到42.5A时,基模尺寸已经非常接近于激光增益介质的尺寸,使得腔内激光能够以基横模模式运行,输出功率可达25.4W,光束质量M^2值为1.3,线宽仅为39.7pm(对应频率为10.7GHz)。2015年,长春理工大学的白芳等人发表了一篇关于基于布拉格光栅技术的窄线宽Ho:YAG激光器的研究论文,该论文详细报道了该团队所取得的成果。他们使用中心波长为1908nm的Tm:YLF激光器作为泵浦源,而Ho:YAG晶体则作为增益介质。为了实现这款激光器的最大性能,他们对晶体进行了适当的掺杂,掺杂浓度达到了2at.%,并且将其尺寸控制为$\varPhi 5 \times 20mm$。实验结果显示,当泵浦功率被调整至16.9W时,可以获得高达9.6W的最大输出功率,且光—光转换效率达到了56.8%。通过利用两个F–P标准具,研究人员成功实现了2122.1nm波段内激光输出的最大半峰宽度小于0.2nm,这一技术突破为后续的应用提供了可能。实验装置的示意图见图1.17。2019年,上海大学的杨傲等人,采用直径为650μm的环形谐振腔来产生游标效应,这种设计有助于增加激光腔内的谐振模式数量,从而提高输出功率和效率。更重要的是,结合光纤光栅的设计,使得他们能够实现双波长(1550.772nm和1551.012nm)窄线宽激光的输出,这对于需要同时处理多个波长信号的应用场景尤为有利。当泵浦功率为300mW时,两种不同波长的激光对应的线宽分别稳定在0.016nm和0.019nm,展现出极佳的线宽稳定性和光束质量。实验装置见图1.18。

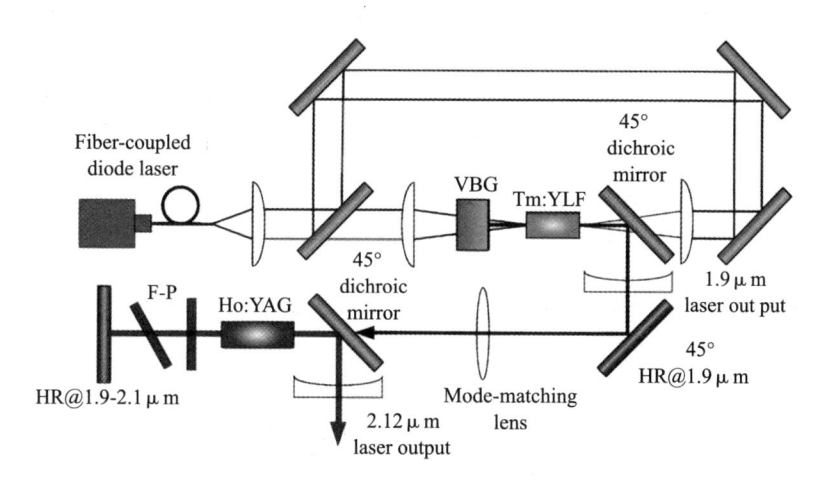

图 1.17　Ho:YAG 窄线宽激光器实验装置图
（Mode-matching lens: 模式匹配透镜）

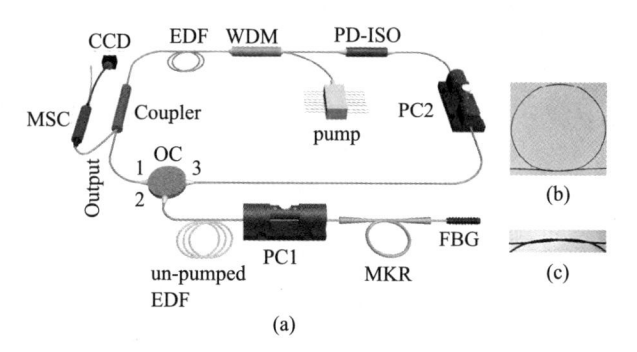

图 1.18　实验装置图 [（b）为制作的 MKR　（c）为重叠区域]
（CCD: CCD 传感器，MSC: 光纤模式选择耦合器，Coupler: 耦合器，EDF: 掺铒光纤，
WDM: 波分复用器，PD-ISO: 偏振相关隔离器，un-pumped EDF: 未被泵浦的掺铒光纤，
PC1: 光纤连接器 1，PC2: 光纤连接器 2，MKR: 梳状滤波器，FBG: 光纤光栅）

上述两个大学研究团队都在各自的研究领域内取得了令人瞩目的成就。长春理工大学的工作侧重于 Ho:YAG 激光器的制备与优化，特别是通过布拉格光栅技术实现了低线宽激光器的研制；而上海大学的团队则在双波长激光器的设计上作出了创新，利用微纤维结谐振器实现了双波长窄线

宽激光的输出。这些进展不仅丰富了激光器的技术储备，也为未来相关领域的发展奠定了坚实的基础。

1.4.2 窄线宽激光器发展趋势

在深入的文献调研和对国内外双波长激光器研究成果进行详细对比分析后，可以清晰地看到，当前激光技术的发展已经迈入了一个新的阶段。这一阶段的研究工作主要集中在如何提高激光器的效率、稳定性以及波长的精确度上。尤其是在双波长激光器领域，国内外的研究工作者们通过不懈的努力，逐步建立起了成熟的技术框架。

目前，在单波长激光器的基础上，最为常见的应用就是将激光谐振腔中不同类型的腔型结构与两块晶体紧密结合，从而实现所需的双波长激光输出。这种方法之所以受到广泛青睐，是因为它巧妙地实现了准三能级激光和四能级激光的分别产生。这样不仅避免了传统单波段激光系统中可能出现的增益竞争问题，还大大提升了激光的输出质量和效率。国外研究者们在这方面的研究尤为突出，他们不仅将新型晶体材料、非线性频率变换技术与腔内泵浦技术等先进技术相结合，而且在实现新型波段激光稳定输出方面取得了显著进展。相比之下，我国在双波长激光器的研究方面虽然起步较晚，但近年来在技术指标上已取得一定突破，尤其是在实验验证方面做得相当出色。然而，理论研究层面仍然相对薄弱，许多关键技术仍处在探索阶段，与国际水平相比，差距明显。由此可见，尽管现阶段实现双波长激光稳定输出的技术途径已经较为成熟，但是在实际应用中，获得的双波长激光往往包含多种波长，且腔内纵模的数量较多，导致线宽较宽。为了解决这一问题，必须开展有关双波长激光线宽压缩技术的研究。

在目前的研究中，通过采用环形腔、体光栅、光学反馈调制以及标准具等稳频措施，已经能够有效地实现窄线宽激光输出。特别是在窄线宽激光器的研究领域内，掺杂Er^{3+}和Tm^{3+}的光纤激光器成了研究的重点。而对于掺杂Nd^{3+}的全固态双波长激光器的线宽调制技术还处于起步阶段，有待进一步深入探讨。从国际研究现状来看，美国、以色列等国家在窄线宽激光器研究方面取得了重要进展。这些国家主要通过F-P光纤滤波器和布拉格光纤光栅等技术实现激光线宽压缩以及对相邻波段的有效抑制。在窄线宽激光器的发展方向上，美国、以色列和法国等国家更倾向于追求高效率的窄线宽激光器，这不仅是激光器发展的基石，也能促进该国的半导体激光器、精密机械加工等多个领域的纵向发展。

本书将腔内泵浦技术与F-P标准具技术相结合，旨在在实现腔内泵浦双波长稳定输出的基础上，加入标准具，同时对腔内双波长激光的线宽进行压缩，最终实现高性能的双波长窄线宽激光输出。

总之，随着技术的不断进步，双波长激光器的应用前景将越来越广阔。无论是在通信、医疗、光谱学还是其他高科技领域，都有着巨大的发展潜力。未来，随着相关技术的不断完善和优化，相信双波长激光器将会在各个领域发挥更加重要的作用。

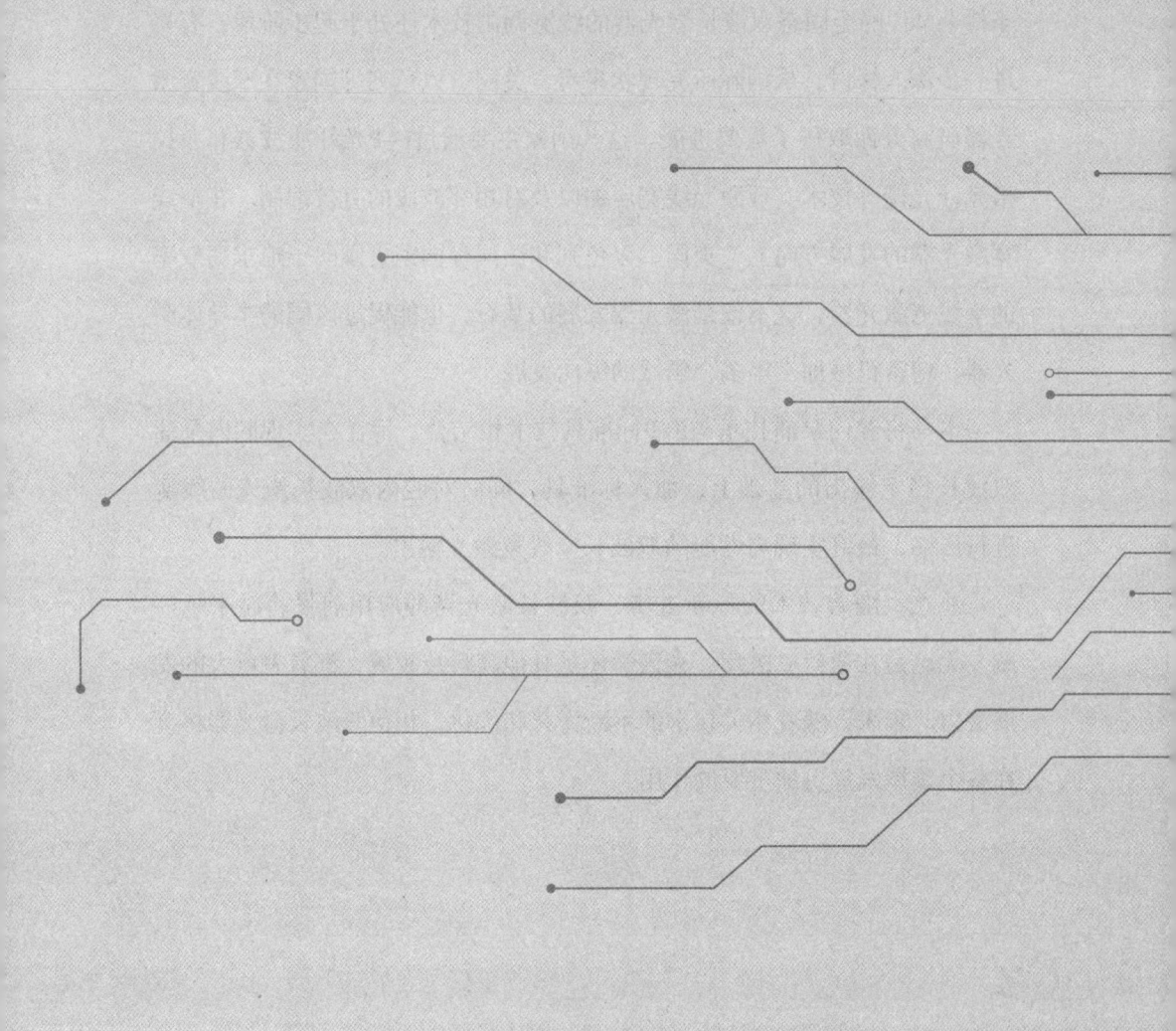

第2章
腔内泵浦双波长窄线宽激光器理论及输出特性研究

在激光技术的众多应用中，腔内泵浦技术因其独特的优势而备受关注。该技术利用激光增益介质与泵浦源之间的相互作用，实现了高效的激光输出。特别是对于那些在0.9μm附近具有较小吸收峰的增益介质来说，它们的吸收效率一般约为10%。虽然这个效率并不高，但它在腔内泵浦结构中却扮演着至关重要的角色。在这种结构设计下，当泵浦源以10W的泵浦功率提供能量时，腔内的功率可以达到一个相当可观的水平——足以支持达到百瓦量级的功率输出。这意味着，通过增加腔内功率可以有效地提高增益介质对0.9μm波长的吸收效率。这种改进不仅增强了激光器的性能，还扩展了其适用范围，使其能够处理更宽范围内的光谱线。

为了进一步提升系统的稳定性和精确度，研究人员引入F-P标准具作为辅助工具。借助F-P标准具的干涉原理，可以对腔内双波长激光进行线宽压缩，并通过调整F-P标准具的竖直放置角度，来直接获取功率比可控的腔内泵浦双波长窄线宽激光输出。这种方法的引入，使得在设计和优化激光系统时更加灵活，并且能够满足不同应用场景的需求。F-P标准具与腔内泵浦组合技术的理论模型构建及实验研究的工作为理解和控制腔内泵浦双波长窄线宽激光的关键参数打下了坚实的基础。理论模型建立部分，详细讨论了各种因素如何影响激光的输出性能；实验研究则涉及对这些理论模型进行验证和调整，确保实验结果与理论预测相吻合。

在腔内泵浦的运作过程中，首先是利用泵浦光对第一块增益介质施加激发光，产生一系列0.9μm波长的准三能级谱线跃迁，从而获得准三能级的激光输出。随后，将这些准三能级激光作为泵浦源，对第二块增益介质施加泵浦，进而引发四能级谱线跃迁，生成1.0μm波长的激光输出。为了深入探究腔内泵浦双波长窄线宽激光器的输出特性，本书通过建立包含再吸收效应的理论模型，并确保该模型满足腔内准三能级和四能级之间的"损耗-吸收"关系。该模型还能预测在不同条件下（如F-P标准具竖直放置角度变化）腔内光子密度、反转粒子数密度以及输出功率的变化规律。通过理论分析，研究人员能够发现这些变量对激光器输出特性的影响，为未来的实验设计和优化提供指导。

总而言之，本章节所描述的研究成果不仅深化了人们对腔内泵浦双波长窄线宽激光技术的理解，而且也为相关领域的科研工作者和工程师提供了宝贵的理论基础和实践指导。随着对该技术的不断探索和完善，相信在不久的将来，将能够见证这项技术带来的革命性进步。

2.1 泵浦理论

2.1.1 间接泵浦理论

从图2.1中可以看到，在增益介质处于抽运状态时，处于基能量状态的粒子被泵浦到激光激发态，处于激发态的粒子再被无辐射跃迁到激光上

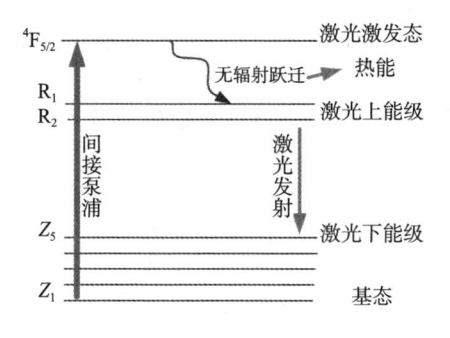

图 2.1 间接泵浦理论能级跃迁示意图

能级，再快速到达激光下能级，从而实现间接抽运。正如下面所述的间接抽运理论原理图所示，处于激光上能级的粒子寿命更长，从而使激光上能级的粒子数量增加，而处于基态的离子受泵浦光的影响较小。因此，在粒子数反转的情况下，产生激光。

在当今的激光技术领域，间接泵浦技术已经成为一个不可忽视的重要分支。这项技术之所以能够得到如此广泛的应用，是因为它极大地促进和提高了固体激光器的性能。尤其是对于许多需要高功率输出、精确控制光束方向以及高频谱宽的应用来说，间接泵浦提供了一种有效且经济的方法。然而，尽管间接泵浦技术具有诸多优点，但从其工作原理不难发现其中潜藏着一些问题。其中最为显著的问题便是斯托克斯频移现象，这一点可以通过泵浦光与激光光子之间的能量差来理解。当泵浦激光与激光晶体相互作用时，由于两者之间存在能量上的差异，就会产生这种频移现象。这不仅会影响激光器的输出效率，而且还可能导致光束质量下降，甚至影响激光的稳定性。

此外，通过泵浦激光不完全耦合至亚稳态过程中产生的量子效率损耗也不容忽视。这种损耗主要发生在间接泵浦过程中，例如无辐射跃迁所引起的多余废热。废热的产生会导致激光器内部温度升高，从而引起晶体热透镜效应，进一步恶化激光的性能。因此，为了维持激光器的整体稳定性，减少这些热效应至关重要。目前，业界普遍采取的方法包括更换新型激光晶体以降低热阻；改良腔型设计，以更有效地传递热量；采用先进的制冷系统，降低激光谐振腔内的热负载。这些措施确实在一定程度上缓解了热效应，但要彻底解决问题，还需从根本上优化泵浦过程，比如改进激光晶体材料或设计，以减少斯托克斯频移。同时，对激光谐振腔进行精心的热管理，以及探索新的热抑制方法。

总之，虽然间接泵浦技术在固体激光领域发挥了巨大作用，但是面对存在的问题，仍需不断地寻找创新的解决方案，以期实现更加高效、稳定和可靠的激光输出，满足现代科技发展的需求。

2.1.2 直接泵浦理论

直接泵浦方式的概念最早由以色列的科研团队提出，并在激光技术领域中得到广泛应用。这一运转模式在图2.2中有详细展示，其核心思想是基于基态粒子通过某种机制直接抽运至激光上的能级，而不涉及粒子经历激发态的过程。与之形成鲜明对比的是间接泵浦方式，后者需要粒子先到达激发态后才能进行泵浦。从本质上讲，直接泵浦技术通过消除粒子经历激发态的步骤，有效地降低了斯托克斯频移，同时增加了斯托克斯效率，这意味着在相同的功率下，可以产生更多的泵浦光。更为重要的是，它避免了粒子直接进入激发态这一关键步骤，从而有效防止了由无辐射跃迁引起的热损失。这种热损失不仅会导致能量的浪费和效率的下降，而且还可能对激光器件造成不利影响，如热透镜效应等问题。

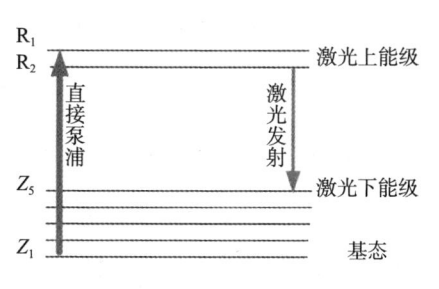

图 2.2 直接泵浦理论能级跃迁示意图

从图2.2中可以看出，由于直接泵浦避免了无辐射跃迁，因此也就没有必要采取额外的措施来抑制废热的产生。与此同时，由于不再需要为泵浦光提供额外的量子效率增益，直接泵浦的效率得到了极大提升。因此，利用直接泵浦技术可以实现对激光束输出性能的优化。此外，直接泵浦方式在实际应用过程中的优势还体现在其对晶体材料热透镜效应的缓解作用。热透镜效应是指在高温或高折射率的介质中，受激辐射光会聚到焦点处，导致光束发散的现象。直接泵浦通过减少泵浦过程中的热量产生，有助于减轻热透镜效应，保持激光束线形的完整性，进而提高激光输出的光学性能。

总之，直接泵浦技术以其独特的运作模式，在激光技术领域内发挥着至关重要的作用。它不仅优化了激光输出的性能，还显著降低了在泵浦过程中可能出现的各种不良因素，如光学畸变、废热损失以及热透镜效应等。随着激光技术的不断进步和发展，直接泵浦技术无疑将继续成为推动激光科技向前发展的重要力量。

2.1.3　腔内泵浦技术的基本原理

掺Nd^{3+}激光在激光光谱、激光医疗、激光显示等领域具有重要应用价值，其独特的910~950nm激光可用于倍频、和频等多种非线性混合方式实现高功率激光输出。对比$Nd:GdVO_4$中912nm准三能级激光器的能级跃迁，由于912nm的跃迁截面相对较小，导致其在912nm处的能量级处于$^4I_{9/2}$ Stack分裂的最上层（Z_5），只有408cm^{-1}。区别于四能级激光器（几乎为0），其主要特点表现在：在室温下，这个能级会有较多的热布居数；$Nd:GdVO_4$系统Z_5子能级热布居数随温度的增加呈近似线性增加。在激光场中，能级布居的微粒会对912nm波段的激光发生二次吸收，从而导致二次吸收损失，影响到激光阈值和转化效率等关键参数。因此，在构建腔内抽运双波长激光器时，必须充分考虑准三能级重吸收的负面影响，并开展相关的理论研究，以实现高功率的腔内抽运双波长激光器。

在深入探讨腔内泵浦双波长激光的运作机制时，可以将图2.4中所展示的原理图视为激光技术中一个精妙而复杂的设计。该设计涉及了增益介质1和增益介质2的相互作用，以及它们之间的能量转移过程。具体而言，增益介质1利用其能级上的跃迁即从$^4F_{3/2}$跃迁至$^4I_{9/2}$，从而获得了第一个激

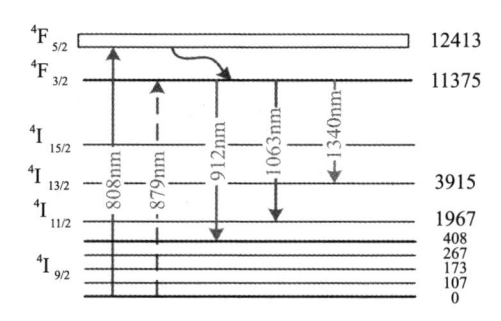

图 2.3 Nd:GdVO$_4$ 激光介质跃迁能级图

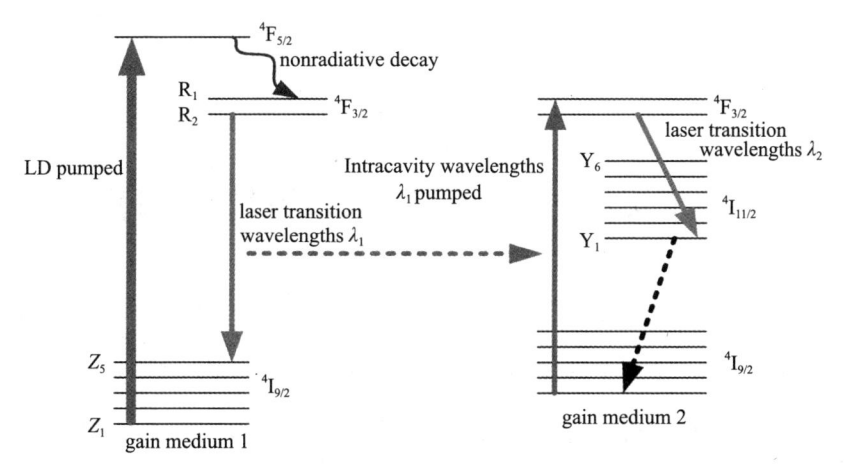

图 2.4 腔内泵浦双波长激光的运转原理图

（gain medium 1/2: 增益介质 1/2，laser transition wavelength λ_1/λ_2: 激光跃迁波长 λ_1/λ_2，Intracavity wavelengths λ_1 pumped: 腔内波长 λ_1 泵浦，nonradiative decay: 非辐射衰减）

光波长λ_1。这一波长被巧妙地应用于腔内，作为腔内第二个增益介质的泵浦源。这里的第二块增益介质不仅仅是一个简单的放大器或者增益单元，它扮演着两个关键角色：首先，它为自身产生泵浦能量，通过吸收来自增益介质的光子，实现对内部泵浦功率的供给；其次，它作为一个准三能级激光的吸收体，增加了整个系统中的损耗。

为了更好地理解腔内泵浦双波长激光的工作原理，需要引入一些关键的概念和理论。在建立腔内泵浦双波长理论的过程中，引入了一种特殊的再吸收效应。这种效应发生在准三能级下能级布居粒子（即 $^4F_{3/2}$ 能级）的 $^4F_{3/2}$-$^4F_{9/2}$ 能级跃迁之后。通过进一步地精确控制这个再吸收效应，能够实现腔内泵浦双波长激光的输出特性优化。这包括提高激光的峰值功率、增加输出光的稳定性以及降低因腔内损耗引起的能量损失。最终，这些改进将显著提升激光设备的输出性能，使之更加适合应用于医疗、工业加工、科研等多个领域。

2.2
F-P标准具窄线宽激光器的基本原理

F-P标准具是法布里-珀罗干涉仪的缩写，利用多光束干涉原理即一束光在法布里-珀罗干涉仪的两个平行平面之间来回反射多次，每反射到前一个反射面就会有一部分光通过，形成多光束干涉。当光束垂直入射到F-P标准具时，透射光形成多光束干涉，若将一束频率单一、方向性好的单色光以平行光垂直入射到F-P标准具上，则经干涉仪透射出来的光是一系列相干光束相互叠加的结果，干涉条纹的精细度取决于两个平行平面镜面的反射率。根据多光束干涉原理，当光束垂直入射到F-P标准具上时，透射光形成多光束干涉，而透射光谱是多光束干涉条纹的叠加，其自由光谱区的宽度由两反射镜的间距决定，间距越宽的光谱区越窄。因此，当F-P标准具的反射镜间隔一定时，它的透射光谱就具有一定的波长选择性，只有当光波的波长满足干涉加强的条件时，光波才能透射过去，从而实现窄线宽。那么利用F-P标准具多光束干涉原理，完全可以在狭窄的线宽材料上做到这一点。

图 2.5 法布里-珀罗干涉仪

作为激光器的重要组成部分，F-P谐振腔通常用于测量和压缩腔内的选模和线宽，F-P谐振腔又称为F-P干涉仪或标准器。通过多光束干涉原理实现选频和线宽压缩的F-P标准具，通常被看作是高分辨率干涉仪，如图2.6所示，在M_1和M_2两个平面上多次反射并相互干涉时，激光强度呈有规律的起伏变化。因此可以通过选择适当的标准工具，使某一特定频率波长的光的透过率达到最大，进而实现选型的效果。

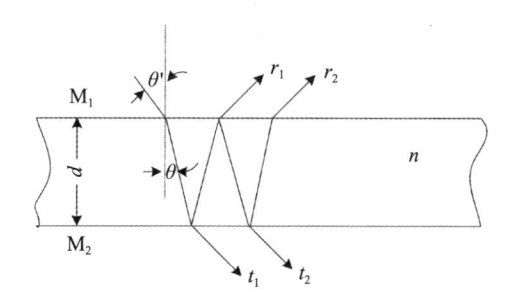

图 2.6 F-P 标准具干涉图

其相位差表示为：

$$\delta = (2\pi/\lambda) \cdot 2nd \cdot \cos\theta \qquad (2.1)$$

式中，n 为两个平面间介质的折射率，d 为两个反射面之间的光学厚度，

$\theta = \theta'/n$ 为光束在标准具中的光束角,其法布里–珀罗谐振腔的透过率表示为:

$$T = \left[1 + 4r/(1-r)^2 \times \sin(\delta/2)\right]^{-1} \quad (2.2)$$

式中,r 是两个表面的反射率,当透射光之间的光学路径差是波长的整数倍时,透过率的最大值 $T_{\max} = 1$:

$$2nd\cos\theta = m\lambda, \quad m = 1, 2, 3\cdots \quad (2.3)$$

谐振腔的反射率表示为:

$$R = \left[1 + (1-r)^2/4r\sin(\delta/2)\right]^{-1} \quad (2.4)$$

反射率的最大值为:

$$R_{\max} = \left[1 + 4r/(1-r)^2\right] \quad (2.5)$$

得到反射率最大值的条件是光束的路径差等于半波长的整数倍,即:

$$2nd\cos\theta = m\lambda/2, \quad m = 1, 3, 5\cdots \quad (2.6)$$

在理想的谐振腔系统中,F-P谐振腔透射光谱的自由光谱范围、精细度和峰值透过率能够体现F-P谐振腔性能,在实际应用中,要求这三个参数的指标越高越好。

其中,自由光谱范围代表了F-P谐振腔的调谐范围,表示在光谱中相邻两个透射波中心波长之间的谱宽。

$$FSR = \frac{\lambda^2}{2nL} \quad (2.7)$$

式中,λ 为入射光的中心波长。

精细度 $F = FSR/B$,B 是通过F-P谐振腔的透射峰的峰值半宽度,其表达式为：

$$F = \frac{\pi\sqrt{R}}{(1-R)} \qquad (2.8)$$

式中，R 为F-P谐振腔中光纤反射端面的反射系数。

针对由F-P标准元件组成的谐振腔，激光器的振荡频率将发生显著的改变，超过激光阈值的光谱会产生自由振荡的分离频率。在腔内泵浦双波长激光器设计中，通过调整F-P标准具的安放角度来减少激光纵模的数量，从而达到输出腔内窄线宽激光的目的。

在成功获取双波长激光腔内的稳定振荡条件后，构建一个将F-P标准具与腔内泵浦技术融合的理论模型。通过改变耦合系数和工作物质等条件，分析影响单波段泵浦光输出稳定性及线宽的因素，并对实验结果进行验证。在组合技术应用中，引入F-P标准具可以增加模式间的微损耗。通过调整关键参数，可以将中心模式损耗降至最低，从而使模式竞争更加充分。在最大透过率频率宽度（带宽）之外的光，由于透过率损耗，无法实现粒子数的反转，从而不能形成稳定的振荡，最终实现双波长选频和线宽压缩的目标。通过模拟往复振荡的过程，可以确定中心模式和相邻模式下光子数在不同时间点的比例，也就是不同时间点的输出功率比例关系。通过改变该比值可以调整系统中双波耦合系数和泵浦源功率来控制相位调制特性，获得所需输出信号。在腔体内部的泵浦构造里，腔内微小的损耗变化可能会对实现双波长激光振荡产生显著的负面影响。本书推荐使用厚度固定且未进行镀膜处理的标准具来进行线宽压缩。根据准三能级和四能级激光对腔镜膜系的不同需求，标准具在加入谐振腔后所产生的腔内损耗也会有所不同。这使得在腔内泵浦过程中，能够更为直观地分析准三能级激光和四能级激光线宽的变化情况。

对于不同的波长，F-P标准具的透过率是不一样的。通过增加模式间的微损耗，使中心模式损耗最低，在最大透过率之外的模式，由于透过率损耗而不能实现粒子数反转从而不能形成稳定的激光振荡。如图2.7所示，根据F-P标准具随腔内双波长变化的透过率曲线关系可以看出，其中S2和S5是中心模式损失，而S1和S3、S4和S6分别是两个中心模式的邻模损失。以下为单个F-P标准具的透射性能表示：

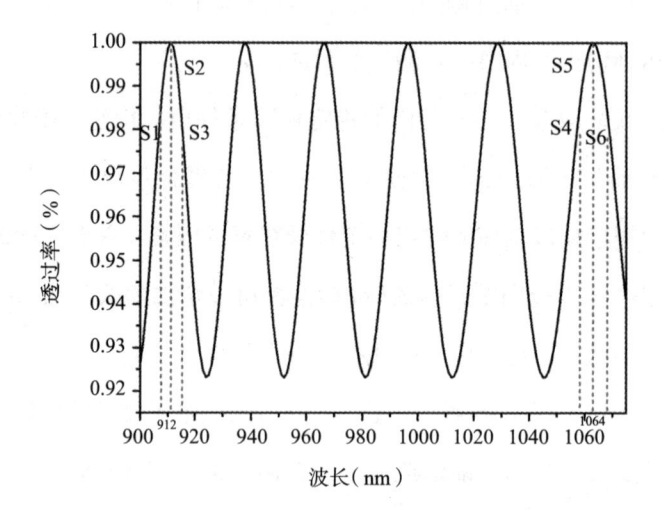

图2.7　F-P标准具随腔内双波长变化的透过率曲线示意图

$$T(v) = \frac{1}{1+F\sin^2(\delta/2)} = \frac{1}{1+F\sin^2(2\pi v n h\cos\theta/c)} \quad (2.9)$$

$$\delta(\lambda) = \frac{4\pi n d\cos\theta}{\lambda} \quad (2.10)$$

式中，F为标准具的精细度，表示为$F = \frac{4R}{(1-R)^2}$，R为标准具的反射率，$\delta(\lambda)$为标准具中相邻两波长激光的相位差，n为标准具的折射率，h为标准具的厚度，θ为入射光与标准具的夹角，c为光速。

2.2.1　腔内泵浦双波长窄线宽激光器的设计方案

为了实现高效且稳定的双波长激光，本书作者精心设计了一套实验装置。在这套装置中，腔内泵浦技术与F-P标准具技术被巧妙地结合起来，形成了一个先进的激光系统。如图2.8所示，该装置具备以下关键特征：

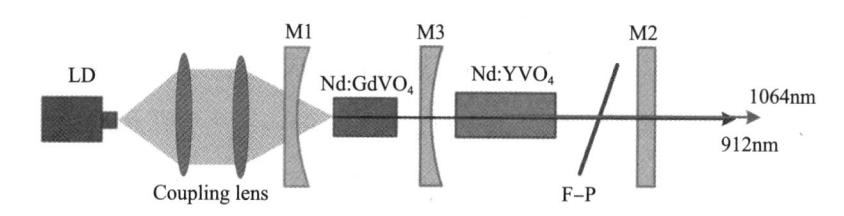

图 2.8　腔内泵浦双波长窄线宽连续激光器实验装置图

首先，使用激光二极管作为腔外泵浦源，对第一个增益介质进行泵浦，以产生特定波长的激光输出。这种方法不仅可以放大光信号，还能有效控制激光的输出功率和稳定性。经过细致调节，可以直接获得0.9μm的准三能级激光输出。

其次，利用得到的准三能级激光作为第二个增益介质腔内泵浦光，通过不断调整激光参数产生1.0μm的四能级线线振荡。当两个波段的激光信号在近似同一时间被激发时，它们之间存在着能量上的相互耦合，从而实现了双波长的腔内泵浦激光输出。

最后，为了进一步优化激光性能，采用F-P标准具来压缩并调制双波长激光的线宽。通过精确控制这个过程，我们能够更有效地操控激光的输出，使其在光谱范围内保持更窄的线宽，从而提高了激光的可调控性和应用潜力。

综上所述，通过将腔内泵浦技术与F-P标准具技术相结合，不仅能够提高激光的输出效率，也能够增强其稳定性和精确度。这一技术的成功应用为光通信、精密测量以及其他高精度光学应用领域带来了新的可能性。

腔内泵浦双波长窄线宽激光器主要包含准三能级谐振腔0.9μm和四能级1.0μm两个谐振腔。利用Nd^{3+}的$Nd:GdVO_4$和$Nd:YVO_4$，分别发射准三能级激光和四能级激光。全反射镜M1、激光增益介质$Nd:GdVO_4$、输出镜M2等都包含在谐振腔内，构成了腔内第一部分准三能级激光。第二部分是由激光增益介质$Nd:YVO_4$和输出镜面M2构成的四能级激光谐振腔。$Nd:YVO_4$晶体前表面镀有1064nm全反射薄膜。四能级全反射镜M3的反射率高达98%以上，旨在修正四能级增益介质前表面1μm全反射薄膜系统的瑕疵。其中嵌套关系的有准三能级激光谐振腔和四能级激光谐振腔。在激光腔中，$Nd:YVO_4$增益介质起着两方面的作用：一是为其提供泵浦动力的准三能级激光作为泵浦源；二是作为准三能级激光谐振腔的腔内损耗。此外，在腔内加入F–P标准具，通过这种方式实现腔内泵双波长窄线宽激光的稳定输出，同时压缩两束激光的线宽。

2.2.2 腔内泵浦双波长窄线宽激光器的工作原理

如图2.8所示，可以详细观察到腔内泵浦双波长窄线宽激光器的运作过程。这一激光器具有独特的设计和高效的输出性能，能够在一个系统中同时输出两种不同波长的窄线宽激光。该激光器的工作原理主要分为几个步骤：

首先，利用808nm的泵浦光通过耦合镜组进行光束整形处理，使得光束更为集中、更易于控制。这些经过精确整形后的光束会通过输入镜M1被导入到内部的增益介质$Nd:GdVO_4$中去。在这个过程中，增益介质会吸收泵浦光，而大量反转粒子的积累将导致能级发生跃迁，进而实现912nm的激光振荡输出。其次，腔内的912nm激光会作为第二个增益介质Nd:YVO$_4$所接受的泵浦光，为Nd:YVO$_4$提供能量，从而促使其产生1064nm的激光振荡。这种能量传递机制确保了两种不同波长的激光振荡可以同时存在于同一腔内。为了进一步优化输出性能并增强稳定性，研究团队采取了另一项技术措施。在两块增益介质之间加入了四能级全反镜M3，这样做的目的是补偿四能级增益介质前端面的镀膜工艺不足，确保整个激光器系统的光学质量。当达到一个高效、稳定的双波长腔内泵浦激光稳定输出后，在腔内添加了F-P标准具。通过对F-P标准具的位置的精细调整，以抑制邻模振荡并压缩双波长线宽，最终获得了窄线宽双波长激光的输出。通过调整F-P标准具与垂直方向的角度，可以有效地调节光学模式，从而控制激光输出的线宽，满足特定的应用需求。

总结来说，腔内泵浦双波长窄线宽激光器展现出了卓越的性能，特别是在避免增益竞争方面表现出色。这项技术的成功实施，对于需要高精度、高通量激光光源的领域如精密测量、医学成像等有着重要的意义。未来的研究可能会集中在提高激光器的输出功率、降低成本以及扩展应用范围上。随着技术的不断进步和应用需求的日益增长，这种激光器有望在众多科技领域发挥更加重要的作用。

2.3
腔内泵浦双波长窄线宽激光器的速率方程

1987年，斯坦福大学的Fan和Byer首先提出了准三能级激光重吸收

（也称为再吸收）的概念，并给出了其转换速率公式，并对其进行了实验验证。因此，如何有效抑制准三能级的重吸收，是实现双波长窄线宽激光高光束质量和高转换效率输出的关键。

在进行稳态条件下的准三能级速率方程研究时，我们将深入探讨如何利用这些方程来分析含有再吸收效应的腔内泵浦双波长窄线宽激光器。在此过程中，首先需要明确一个前提条件：泵浦光与振荡光都是以圆形对称形式发射的TEM_{00}高斯光束，这一点对于确保激光系统的稳定性至关重要。为了进一步简化计算并专注于特定的物理过程，假设泵浦光仅有一次需通过准三能级激光介质并发生抽运作用。根据准三能级系统的基本理论中上能级和下能级的粒子数密度变化关系，可以得出关于能级间粒子数密度分布变化的规律。这些规律将为描述激光器性能的速率方程提供理论基础，具体内容如下：

$$\frac{dN_I}{dt} = R_p(1+f) - \frac{(\sigma_{eI}+\sigma_{aI})}{V_I}\phi_I N_I - \frac{fN_t + N_I}{\tau} \quad (2.11)$$

$$\frac{d\phi_I}{dt} = \left(\frac{V_{aI}\sigma_{eI}c}{V_I}N_I - \frac{1}{\tau_{cI}}\right)\phi_I \quad (2.12)$$

$$\frac{dN_{II}}{dt} = R_{pII} - B\phi_{II}N_{II} - \frac{N_{II}}{\tau} \quad (2.13)$$

$$\frac{d\phi_{II}}{dt} = \left(BV_{\alpha II}N_{II} - \frac{1}{\tau_{cII}}\right)\phi_{II} \quad (2.14)$$

式（2.11）和式（2.12）为准三能级激光速率方程，其中式（2.11）用于描述腔内准三能级激光反转粒子数密度的变化规律，式（2.12）用于描述腔内准三能级激光光子密度的变化规律。式（2.13）和式（2.14）表示四能级激光速率方程，其中式（2.13）用于描述腔内四能级激光反转粒子数密度的变化规律，式（2.14）用于描述腔内四能级激光光子密度的变化规律。

式（2.11）和式（2.13）中，$R_p = \dfrac{P_p}{hv_p} \dfrac{2[1-\exp(-\sigma_1 l_1)]}{\pi l_1 \left(\omega_{0I}^2 + \omega_{0p}^2\right)}$ 和 $R_{pII} = \dfrac{\eta P_{in}}{hv_I} \dfrac{2[1-\exp(-\sigma_2 l_2)]}{\pi l_2 \left(\omega_{0I}^2 + \omega_{0II}^2\right)}$ 分别为腔内准三能级激光和四能级激光泵浦中被激发到上能级的泵浦速率，ϕ_I 和 ϕ_{II} 分别为腔内准三能级激光和四能级激光腔内光子密度，N_I 和 N_{II} 分别为腔内准三能级激光和四能级激光反转粒子数密度，σ_{eI} 和 σ_{aI} 分别为Nd:GdVO$_4$晶体在912nm的吸收截面和受激发射截面且 $f = \dfrac{\sigma_{aI}}{\sigma_{eI}}$，$\tau_{cI} = \dfrac{L_{eI}}{\gamma_I c}$ 为腔内泵浦准三能级激光上能级寿命，c 为真空中光速，l_I 和 l_{II} 分别为准三能级和四能级增益介质长度，L_I 和 L_{II} 分别为准三能级激光和四能级激光谐振腔的长度，P_p 为泵浦功率，ω_p 为泵浦光束腰半径，α_I 为腔内泵浦四能级增益介质对准三能级增益介质的吸收效率，h 为普朗克常量。V_I 是准三能级激光的模式体积，V_{aI} 和 V_{aII} 是相关常数的模式体积。$B = \dfrac{2\sigma_{eII} c}{\pi \omega_{0II} L_{eII}}$ 是描述四能级激光光斑大小和增益介质的常数。

由于两块增益介质中间加入了四能级全反射镜，因此腔内整体损耗需包含：准三能级激光总的单程损耗 γ_I，这其中包括准三能级激光谐振腔的自身损耗 γ_0、腔镜引起的损耗 γ_{1I} 和 γ_{2I}、被四能级激光增益介质吸收所引起的损耗 α_I、再吸收损耗 S 以及四能级全反射镜透过率损耗，因此腔内整体损耗表达式即：

$$\gamma_I = \gamma_0 + \dfrac{\gamma_{1I} + \gamma_{2I}}{2} + \alpha_I + S + R_{lossI} + R_{fpI} \qquad (2.15)$$

$$\gamma_{II} = \gamma_{0II} + \dfrac{\gamma_{2I}}{2} + R_{lossII} + R_{fpII} \qquad (2.16)$$

式中，$\gamma_{1I} = -\ln(1-T_{1I})$ 和 $\gamma_{2I} = -\ln(1-T_{2I})$ 分别为全反射镜和输出镜引起的损耗，$\alpha_1 = 1 - \exp[-(\sigma_{aII} l_{II})]$ 为四能级激光工作物质对准三能级激光吸收所引起的损耗，$S = 2N_0^1 \sigma_{eI} l_I$ 为准三能级激光再吸收效应所引起的损耗，$R_{lossI} = -\log(1-T_I)$ 和 $R_{lossII} = -\log(1-T_{II})$ 分别表示四能级全射反镜对912nm和1064nm两束激光所引起的透过率损耗，其中 T_I 为四能级全反射镜对912nm激光的透过率，T_{II} 为四能级全反射镜对1064nm激光的透过率。$R_{loss-fpI} = -\log(1-T_{fp-912})$ 和 $R_{loss-fpII} = -\log(1-T_{fp-1064})$ 分别为F-P标准具对准三能级激光和四能级激光的透过率损耗，σ_{eI} 为准三能级激光晶体的受激发射截面，σ_{aII} 为四能级激光晶体的吸收截面，T_{1I}、T_{2I} 分别为全反射镜和输出镜透过率，N_1^0 为基态能级粒子数密度。$\tau_{cII} = \dfrac{L_{eII}}{\gamma_{II} c}$ 为四能级激光的腔内光子寿命，式（2.15）为准三能级激光的单程总损耗，式（2.16）为四能级激光的单程总损耗。

建立腔内双波长窄线宽激光的输出功率表达式（考虑再吸收效应、F-P标准具损耗以及四能级全反射镜透过率损耗），即：

$$P_{in} = \left(\frac{c}{2L_{eI}}\right)(hv_1)\frac{\left[R_{pI}(1+f)-fN_t\right]V_{aI}\sigma_{eI}\tau_{cI}c - V_I}{(\sigma_{aI}+\sigma_{eI})\tau c} \quad (2.17)$$

$$P_{1out} = \left(\frac{T_{2I}c}{2L_{eI}}\right)(hv_1)\frac{\left[R_{pI}(1+f)-fN_t\right]V_{aI}\sigma_{eI}\tau_{cI}c - V_I}{(\sigma_{aI}+\sigma_{eI})\tau c} \quad (2.18)$$

$$P_{2out} = \left(\frac{T_{2II}c}{2L_{e2}}\right)(hv_{II})\frac{R_{P2}BV_{a2}\tau\tau_{c2}-1}{B\tau} \quad (2.19)$$

在精确控制和调节各种参数变量的基础上，构建出组合技术中腔内泵浦双波长窄线宽激光的运转方程式。可以进一步利用数值模拟的方法来深入探究腔内泵浦双波长窄线宽激光器在各种参数条件下（如：激光腔的尺寸、泵浦光的波长以及增益介质的类型等）展现出来的输出特性。模拟结果不仅能够揭示激光器在特定环境下的性能表现，还为进一步优化激光器的设计提供了重要的理论依据。

在掺Nd^{3+}的准三能级激光体系中，由激光下能级布居的粒子所引起的再吸收效应等效为腔内耗的一种附加项从而对其输出功率有一定的影响。从式（2.15）可知，再吸收损失随增益介质长度及掺杂浓度的增加而增大，即掺杂浓度越高，晶体长度越长，其再吸收效应也会变得更加显著。为了降低准三能级系统中的再吸收效应并提高腔内泵浦双波长窄线宽激光的输出功率，应选用掺杂浓度较低、长度较短的增益介质。

2.4 F-P标准具与腔内泵浦双波长组合技术的输出特性仿真

为了进一步提高腔内泵浦窄线宽激光输出性能，需要有效降低再吸收效应对激光输出的不利影响。通过对上述组合技术的速率方程进行求解，获得模式竞争过程中输出功率随F-P标准具竖直放置角度的变化规律，以及再吸收效应、泵浦光最佳束腰位置、不同泵浦光发散角等多种因素对腔内泵浦双波长窄线宽激光器输出特性的影响，并对其输出特性进行理论分析。

2.4.1　再吸收效应对输出特性的影响

根据腔内912nm准三能级激光的输出功率表达式,在腔内泵浦双波长窄线宽激光器中的速率方程中可以看出,准三能级激光介质受再吸收效应的影响,掺杂浓度和长度存在最佳值。模拟过程中所采用的Nd:GdVO$_4$、Nd:YVO$_4$增益介质的材料性能及参数如表2.1和表2.2所示。

表2.1　Nd:GdVO$_4$增益介质的材料性能

参量名称	符号	单位	取值
增益介质尺寸	D	10^{-9}m^3	3(W)×3(H)×5(L)
激光的吸收截面		10^{-9}cm^2	17.8×10^{-19}cm
激光的发射截面		10^{-9}cm^2	6.6×10^{-19}cm
激光波长	λ	nm	912
激光寿命	τ	μs	100
峰值泵浦波长	λ_p	nm	808
在808nm的峰值吸收系数	α	m^{-1}	0.66
Nd^{3+}掺杂浓度	N_d	at.%	0.1
泵浦光束腰大小	ω_{p0}	μm	200

表2.2　Nd:YVO$_4$增益介质的材料性能

参量名称	符号	单位	取值
增益介质尺寸	D	10^{-9}m^3	3(W)×3(H)×6(L)
激光的发射截面		10^{-9}cm^2	4.8×10^{-19}cm
激光波长	λ	nm	1064
激光寿命	τ	μs	230
峰值泵浦波长	λ_p	nm	808
在912nm的峰值吸收系数	α	m^{-1}	0.13
Nd^{3+}掺杂浓度	N_d	at.%	0.5
912nm束腰大小	ω_{912}	μm	200

第 2 章 腔内泵浦双波长窄线宽激光器理论及输出特性研究

当泵浦功率为40W，准三能级激光输出功率与增益介质掺杂浓度、长度的关系如图2.9所示。

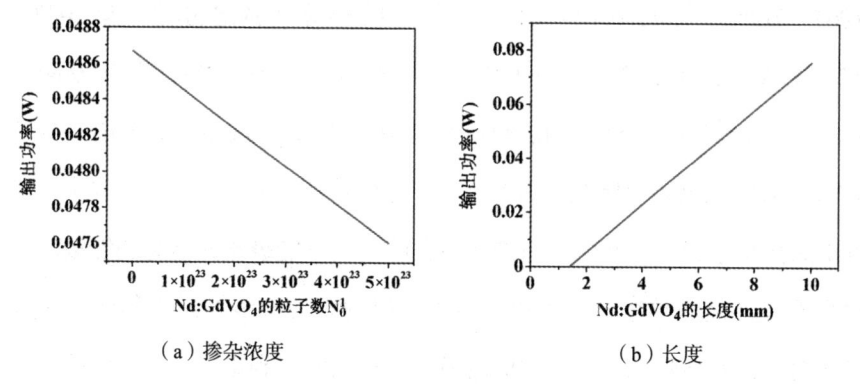

（a）掺杂浓度

（b）长度

图 2.9　912nm 准三能级激光输出功率对应增益介质掺杂浓度及长度的关系

从双波长窄线宽腔内泵浦激光速率方程的建立与求解出发，获得含再吸收效应的双波长窄线宽激光输出功率与注入功率之间的数值关系。在F-P标准具垂直放置角度为15°的情况下，由公式计算出912nm激光透过率73%、1064nm两束激光透过率89%及两个波长对应的F-P标准具的透射比损失，得到不同再吸收损失下双波长激光器输出功率随再吸收损失的变化曲线（图2.10）。

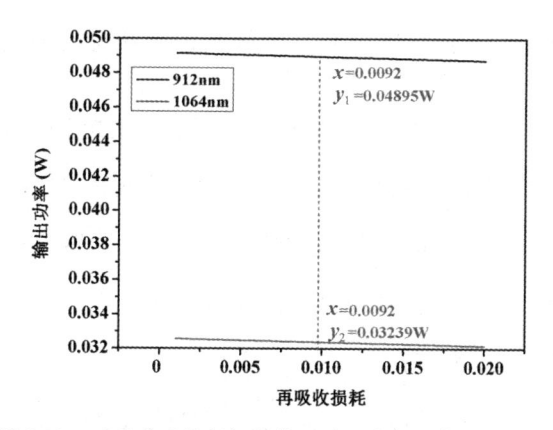

图 2.10　不同再吸收损耗条件下的双波长激光输出功率

从图中可以看出，912nm连续激光的输出功率受再吸收效应的影响非常大，如表2.3所示，在40W的泵浦功率下，当再吸收损耗取值S=0.001，0.005，0.0095，0.01，0.015，0.02时，对应912nm激光的输出功率为0.0413W，0.04905W，0.04895W，0.04894W，0.04883W，0.04872W；以及1064nm激光输出功率为0.03256W，0.03248W，0.03239W，0.03238W，0.03228W，0.03218W。可见，再吸收对912nm准三能级激光输出和双波长窄线宽激光输出的影响很大。在腔内泵浦结构中，腔内准三能级激光器为四能级的增益介质提供泵浦功率；为了进一步提高腔内泵浦窄线宽激光器的输出性能，需要有效地降低再吸收效应对激光器输出的不利影响。当再吸收损耗为S=0.0095时，对应Nd:GdVO$_4$长度为6mm，掺杂浓度为0.1at.%。

表2.3 不同再吸收损耗条件下对应双波长激光的输出功率

再吸收损耗 S	0.001	0.005	0.0095	0.01	0.015	0.02
912nm 输出功率（W）	0.0413	0.04905	0.04895	0.04894	0.04883	0.04872
1064nm 输出功率（W）	0.03256	0.03248	0.03239	0.03238	0.03228	0.03218

式（2.11）和式（2.13）中，$R_p = \dfrac{P_p}{h\nu}\dfrac{2[1-\exp(-\sigma_1 l_1)]}{\pi l_1 (\omega_{0I}^2 + \omega_{0p}^2)}$ 和 $R_{pII} = \dfrac{\eta P_{in}}{h\nu_I}\dfrac{2[1-\exp(-\sigma_2 l_2)]}{\pi l_2(\omega_{0I}^2 + \omega_{0II}^2)}$ 分别为腔内准三能级和四能级激光被激发到上能级的泵浦速率。可以看出泵浦光束腰以及准三能级激光束腰对912nm激光的腔内功率也会产生影响。在实际应用中，半导体激光器抽运光通过耦合系统后，泵浦光束腰在激光介质中的位置对912nm激光器的输出特性有很大的影响。为此，引进了泵浦束腰部的参数，并对式（2.11）、式（2.13）进行了进一步修正，如下所示：

$$R_p(r,z) = \dfrac{P_p}{h\nu}\dfrac{2[1-\exp(-\sigma_1 l_1)]}{\pi l_1 (\omega_{0I}^2 + \omega_{0p}^2(z))} \qquad (2.20)$$

$$\omega_{0p}(z) = \omega_{0p}\sqrt{1+\frac{(z-z_{0I})^2\theta^2}{\omega_{0p}^2}} \quad (2.21)$$

$$R_{pII}(r,z) = \frac{\eta P_{in}}{h\nu_I}\frac{2[1-\exp(-\sigma_2 l_{II})]}{\pi l_2[\omega_{0I}^2+\omega_{0II}^2(z)]} \quad (2.22)$$

$$\omega_{0II}(z) = \omega_{0II}\sqrt{1+\frac{(z-z_{0II})^2\theta^2}{\omega_{0II}^2}} \quad (2.23)$$

这里 z_{0I} 是泵浦光束腰与准三能级激光介质到泵浦光端面的距离（$0 \leq z_{0I} \leq l_I$），$z_{0I}=0$ 及 $z_{0I}=l_I$ 时，分别代表泵浦光束腰处于准三能级激光介质前端面以及后端面位置处。z_{0II} 是腔内准三能级激光束腰与四能级激光增益介质端面的距离（$0 \leq z_{0II} \leq l_{II}$），$z_{0II}=0$ 以及 $z_{0II}=l_{II}$，分别代表腔内准三能级激光束腰处于四能级激光增益介质前端面以及后端面位置处。θ 是泵浦光经耦合透镜后进入激光介质内部的发散角。

当泵浦功率为40W时，z_{0I} 和 z_{0II} 随泵浦速率的变化关系如图2.11所示，其对应输出功率如图2.12所示。当 z_{0I}=3mm时，获得912nm激光输出功率为0.04895W；当 z_{0II}=2.7mm时，获得1064nm激光输出功率为0.03116W。

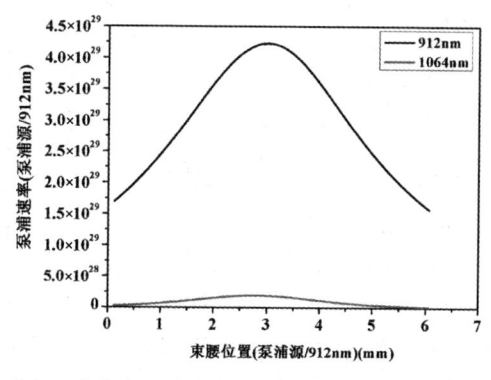

图2.11 腔内两束激光的对应各自泵浦速率与泵浦束腰的位置关系

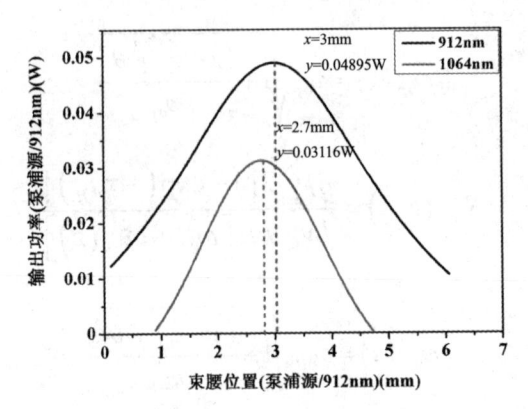

图 2.12 z_0 取最佳值时对应腔内泵浦双波长窄线宽激光器输出功率的关系

泵浦光经过耦合系统进入激光介质内部会产生一定量的发散角，故引入了泵浦光在增益介质中的发散角参量。图2.13给出了在z_{0I}=3mm且z_{0II}=2.5mm腔内准三能级激光与四能级激光各自在最佳的束腰位置上工作时，双波长窄线宽激光输出功率随泵浦光发散角变化的关系。具体来说，从图表中我们可以清晰地看到，当发散角逐渐减小时，912nm波长的准三能级激光输出功率开始增加，这是因为更小的发散角意味着输入能量能够更有效地被聚焦在激光器内部，从而提升了激光的输出功率。与此同时，

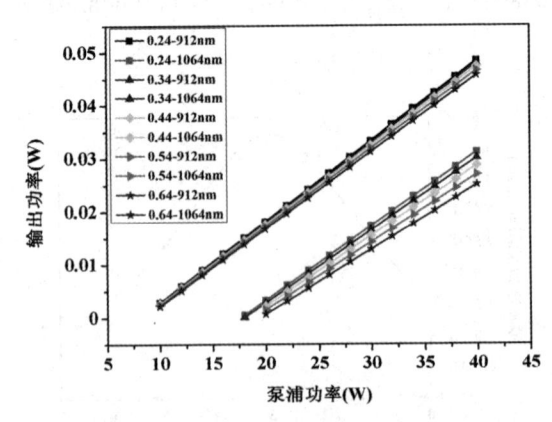

图 2.13 腔内泵浦双波长窄线宽激光输出功率随泵浦光发散角 θ 变化的关系

对于腔内1064nm波长的四能级激光而言，其腔内泵浦功率也相应地增加了。这种增益效应对腔内双波长窄线宽激光器的稳定输出起到了积极的促进作用，使激光器在整个工作过程中可以维持较高的效率和稳定性。因此，通过精确控制泵浦光的发散角，可以实现对腔内双波长窄线宽激光器输出性能的优化，进而提高激光器在多种应用领域中的表现。

通过深入分析仿真模拟的结果，基于某些特定的参数配置条件：泵浦光与腔内振荡激光模式的束腰比设置为1，$S = 2N_1^0 \sigma_{el} l_I = \mathbf{0.0092}$，准三能级增益介质Nd:GdVO4的掺杂浓度被精确为0.1at.%，其尺寸大小为3mm×3mm×6mm。912nm波长激光器的输出功率达到了0.04895W，1064nm波长激光器的输出功率为0.03239W。值得注意的是，由于谐振腔内巧妙地引入了四能级全反射镜M3和F-P标准具，这两种装置都会引起一定的透过率损耗，从而增加谐振腔内部的固有损耗。正因如此，双波长激光输出功率不可避免地有所下降。不过，在这里我们也观察到一个有趣的现象，在此长度和浓度配置条件下，再吸收效应对于腔内泵浦双波长窄线宽激光器的输出功率影响相对较小。这一发现为后续的实验研究提供了重要的参考信息，它意味着我们可以更有针对性地调整和优化实验参数，以便获得最佳的性能指标。

为了进一步提高激光器的输出功率和稳定性，我们需要对这些因素进行细致的考察和控制。例如，通过精确调节全反射镜的位置和角度、选择合适的F-P标准具以及优化腔体设计等手段，都能有效降低透过率损耗，进而提升激光器的整体性能。此外，还需要对再吸收效应的物理过程进行更深入的理解，这将有助于我们在实验设计中更加精准地预测和控制损耗，确保激光器能够持续稳定地输出高质量的激光信号。

2.4.2 F-P标准具竖直放置角度对输出特性的影响

通过对腔内泵浦技术以及F-P标准具组合技术的速率方程进行求解运算，获得随F-P标准具角度变化的腔内光子密度及反转粒子数密度运转规律。根据F-P标准具透过率函数得到随F-P标准具竖直放置角度变化对应腔内泵浦双波长激光的透过率曲线。当F-P标准具竖直放置角度由0°到20°发生变化时，对应912nm和1064nm激光的透过率变化如图2.14、图2.15所示：

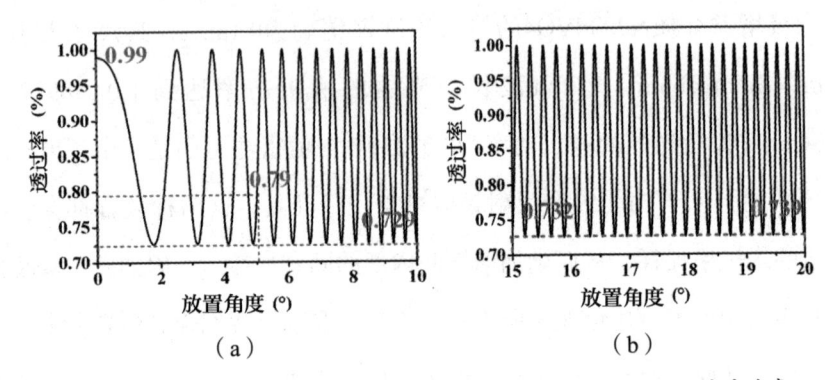

（a）

（b）

图2.14 F-P标准具竖直放置角度由0°到20°变化时912nm处的透过率
（a）F-P标准具竖直放置角度范围由0°到10°；（b）F-P标准具竖直放置角度范围由15°到20°

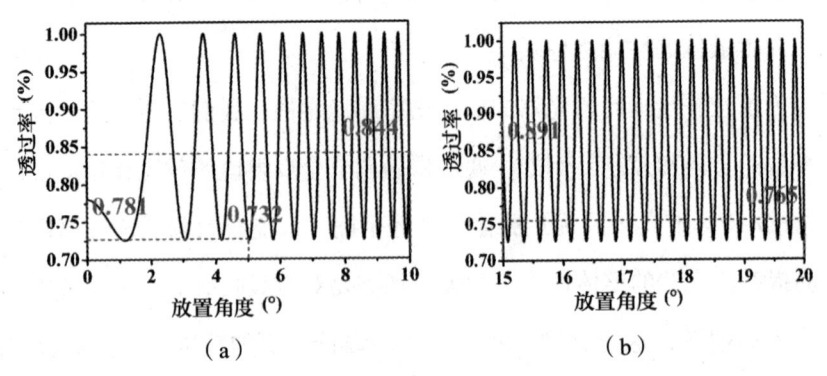

（a）

（b）

图2.15 F-P标准具竖直放置角度由0°到20°变化时1064nm处的透过率
（a）F-P标准具竖直放置角度范围由0°到10°；（b）F-P标准具竖直放置角度范围由15°到20°

第2章 腔内泵浦双波长窄线宽激光器理论及输出特性研究

如图2.13和图2.14所示，随着F-P标准具竖直放置的角度（0~20℃）的不同，双波长激光透过率也会有不同的改变。F-P标准具对两束波长的透过率造成不同程度的损失，使两个波长上的反转粒子数目相应地累积，从而导致两个激光器的输出功率产生不同的变化。结合F-P标准具透过率表达式，进一步获得随F-P标准具竖直放置角度对双波长窄线宽激光器的输出功率的影响，如图2.16所示：

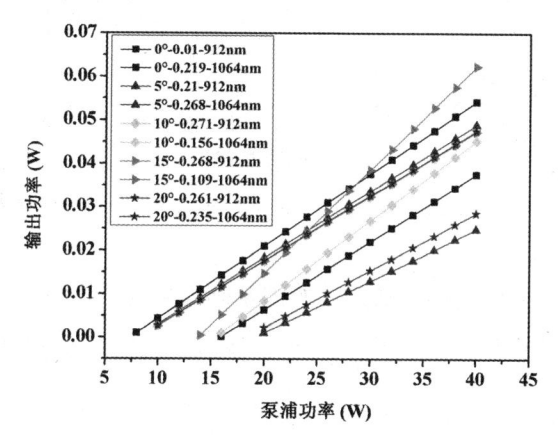

图 2.16 腔内泵浦双波长窄线宽激光器的输出功率随 F-P 标准具竖直放置角度变化的关系

在图2.17的详细描绘了在理想的实验条件下，即泵浦功率设置为32W，并且F-P标准具的竖直方向与腔体的角度为15°，此条件下，912nm激光的引入损耗为0.27，对应输出功率为0.03538W，1064nm激光的引入损耗为0.11，对应输出功率则为0.04288W。其内部运转过程为：由于F-P标准具引入的透过率损耗，导致准三能级激光腔内的反转粒子数开始积累，随着泵浦功率的进一步增加，准三能级激光系统开始发生周期性的振荡，而且反转粒子数密度也随之增长，伴随少量的光子产生。当泵浦功率提升至12W时，四能级激光系统同样表现出振荡行为。此时，腔内的反转粒子数密度再次上升，同时伴随着少量光子的产生。在这种情况下，持续地增加泵浦功率，进而实现了腔内泵浦的双波长窄线宽激光输出。

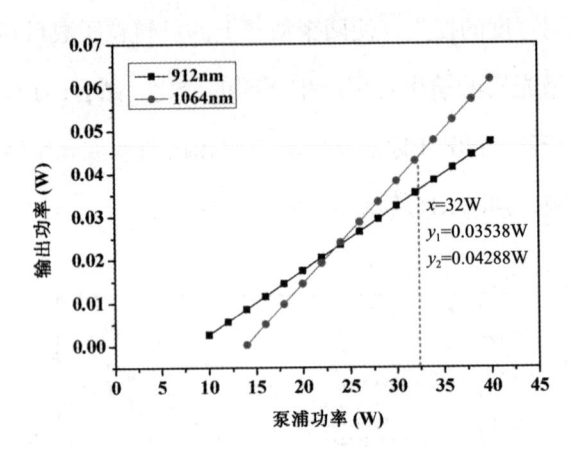

图 2.17　F-P 标准具与竖直方向角度为 15° 时，912nm 和 1064nm 激光的输出功率

理论模拟部分的基础参数为：腔内基础损耗为 2%，由 F-P 标准具以及四能级全反射镜所引起的透过率损耗大于 4%，此时腔内总损耗大于 6%，因此双波长激光输出功率相比于未引入 F-P 标准具的输出功率有所降低。

如图 2.18 和表 2.4 所示，随着 F-P 标具角的变化，准三能级激光器的输出功率随着 F-P 标准具角的变化趋于平缓，没有急剧增大或减小的趋势，但与准三能级激光器相比，四能级激光器的输出功率则有比较明显的上升和下降趋势。在此过程中，谐振腔中的反转粒子密度和光子密度都出现相应的周期变化。如图 2.14 所示，随着 F-P 标样垂直放置角的改变（0~20°），其透射率基本不变，即由于 F-P 标样垂直放置角度的改变而导致的准三能级激光透射率损失不会导致其腔体中的光子密度和反相粒子数密度的大幅增减，从而使其呈现出一种相对平稳的状态。但是，在四能级激光器中，当 F-P 标准具竖直放置时（0~20°），其透过率会出现较大的变化（见图 2.15）。同样，由于 F-P 标准具垂直放置时产生的四能级透射损失，会导

续表

致谐振腔中光子浓度和翻转粒子数量浓度的大幅增减，从而导致四能级激光器的输出功率呈现更显著的变化。

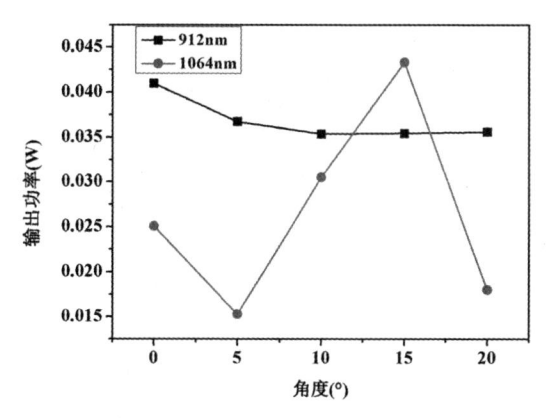

图 2.18　当泵浦功率为 32.48W 时，随 F-P 标准具竖直放置角度变化的双波长窄线宽激光输出功率

表 2.4　当泵浦功率为 32.48W 时，随 F-P 标准具竖直放置角度变化的双波长窄线宽激光输出功率

F-P 标准具竖直放置角度	输出功率（W）	
	912nm	1064nm
0°	0.04093	0.02506
5°	0.03671	0.01529
10°	0.03536	0.03049
15°	0.03543	0.04329
20°	0.03558	0.01801

需要指出的是：从图 2.14、图 2.15 和图 2.18 中可以看到，随着 F-P 标准具竖直放置角的改变，准三能级和四能级激光器的输出功率也相应地发生了变化，并且与双波段的 F-P 标准具的透过率基本一致。

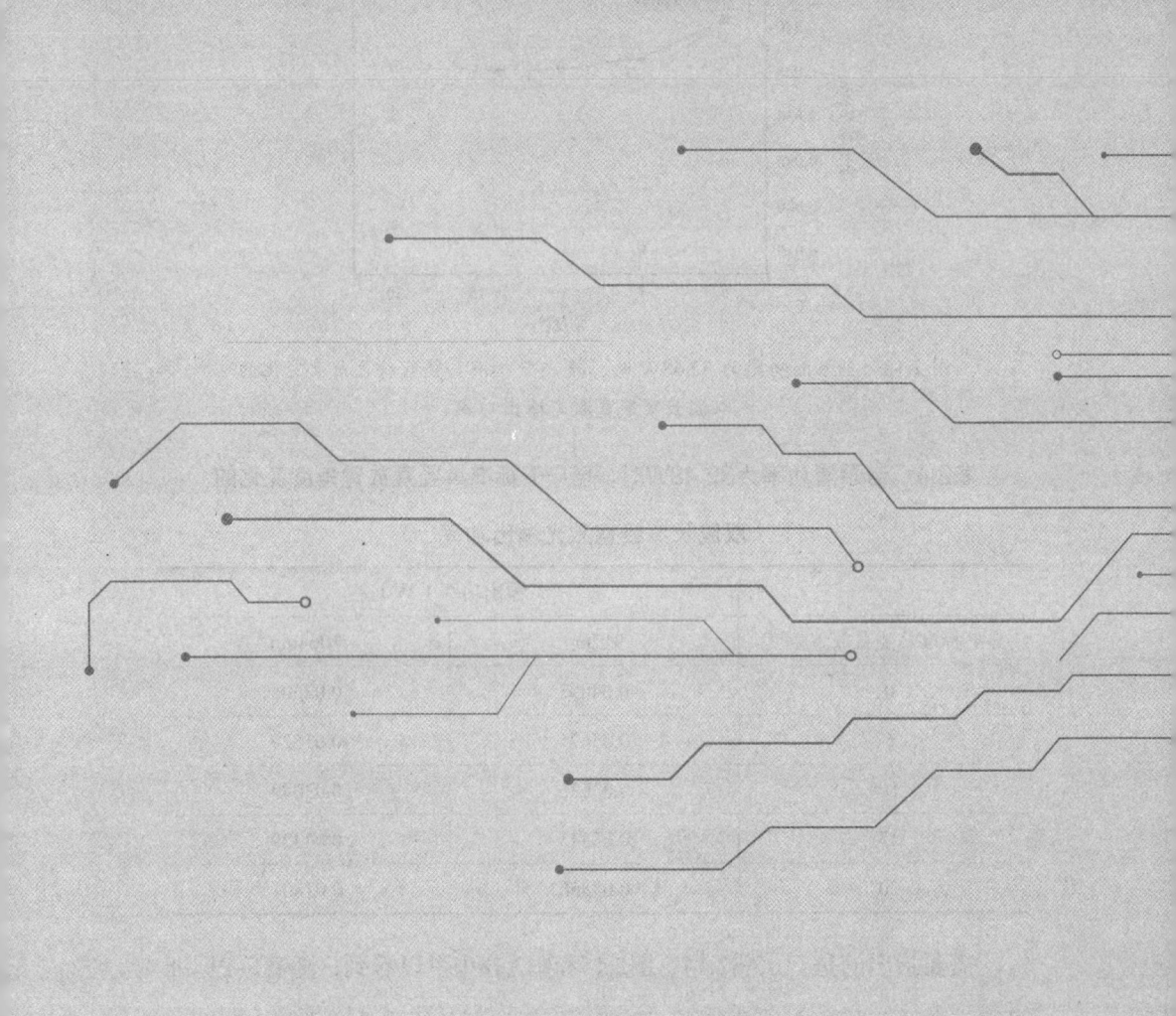

第3章
腔内泵浦双波长窄线宽激光器谐振腔设计

采用先进的数学工具和分析方法来对激光系统进行全面的理论评估。特别是利用ABCD矩阵以及传播圆图解分析法对腔内泵浦的双波长激光器的谐振腔结构进行细致的剖析。这些技术为研究者提供了一个清晰、精确的视角，让人们能够从理论上预测和模拟不同条件下谐振腔内的激光传播特性。通过构建激光传播过程矩阵和模式动态分析模拟，可以得以量化不同曲率半径全反射镜所对应的谐振腔稳区范围，从而优化激光系统的设计。这样的计算结果对于理解激光器的工作原理至关重要。

此外，对腔内的束腰尺寸及其位置进行了模拟，这一步骤对于控制激光器的输出性能具有重要意义。通过精确模拟束腰区域的变化，可以调整激光器的功率分布和光束质量，以确保其满足特定的应用需求。这一系列的分析和模拟过程共同构成了腔内泵浦双波长激光器谐振腔系统理论分析的完整框架。

3.1
谐振腔基本结构

光学谐振腔是激光系统的核心部件，对光波的多次反射和能量反馈具有非常重要的作用。它是一种由两片或多片平行于介质轴的平面或凹面反射镜构成的，它们一起形成一种能提供光正反馈的光学器件。在激光器的工作介质的两端分别放置两面镜子，这两面镜子既可以是平面的也可以是球面的。两面镜子的间距就是腔的长度。有一面镜子的反射率几乎达到100%，这就是全反射镜；另外一面镜子的反射率比其他镜子要小一些，激光就是从镜子里射出来的，所以叫作出射镜。这两种反射镜有时被称作高反射镜或低反射镜。

根据微腔结构的不同和它们之间的位置关系，可以把微腔分成平行平面腔、平凹腔、对称凹腔和凸面腔等。具体来说，在平凹腔这一类中，如果凹反射镜的焦点正好和平面反射镜一致，那么这种结构就叫做半共焦谐振腔。反之，如果凹反射镜的球面在平面反射镜的上方，这样的排列就会形成半共心腔，见图3.1。

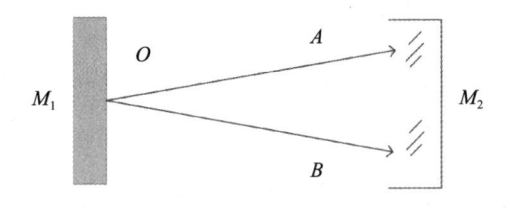

图 3.1　平凹腔－半共心腔

其中，对称凹面腔是一种比较独特的结构形式，它的主要特点是两片反射球面具有相同的曲率半径。在此基础上，将这两面镜子的焦点都集中在谐振腔的几何中心上，称这种谐振腔为对称共焦谐振腔，如图3.2所示。当两个球面反射镜的球面中心重合时，称为共心腔。当光束在腔体中传输了很久而没有逃逸出去，则称之为稳定腔。相反，如果光束在传输时有可能从腔内逃逸出来，则将其他归为不稳定腔。

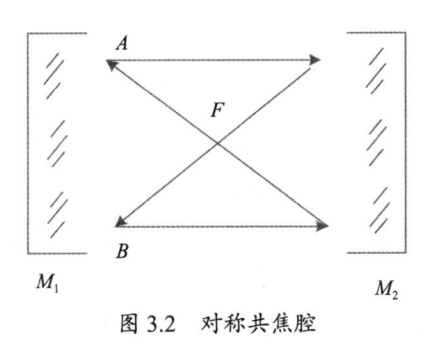

图 3.2　对称共焦腔

以上所列出的共振腔均为稳定腔。在图3.3中，由两个凸透镜构成的共振腔是一个不稳定腔。在平面凹腔设计中，如果腔长度太大，使凹球中心处于腔体内部，则其他方向的光束在经过多次反射后，都会从腔体中逃逸出来，因而被称为不稳定腔。与此类似，对于对称凹形空腔而言，若空腔长度太大，则会使两个球面镜的球心分别接近空腔的中点并向两侧偏斜，这种结构也称为不稳定腔。在光学谐振腔中，如果任意一束近轴光经过多次反射后不会持续增长，则称其为稳定腔。

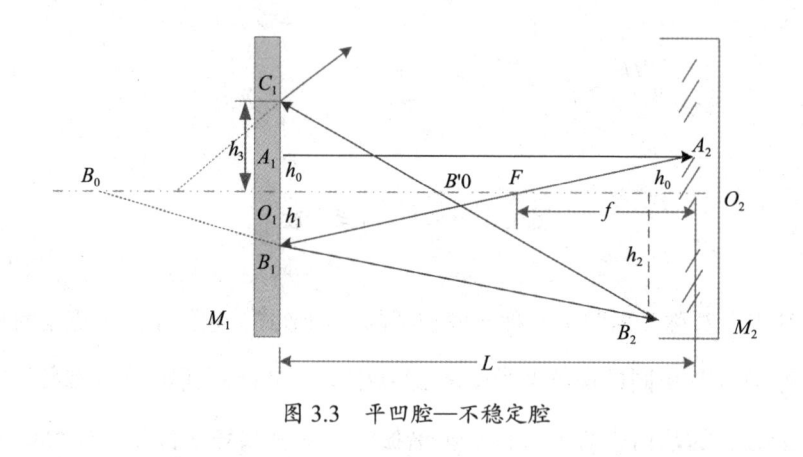

图 3.3 平凹腔—不稳定腔

谐振腔的结构多种多样，根据不同的应用需求，可以设计成环形、圆柱形、平面波导型等不同的形状和尺寸。例如，环形谐振腔因其高Q值（品质因数）和较小的模式体积，在光学高灵敏度传感、光通信和非线性

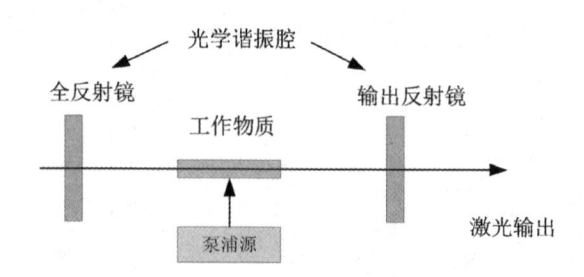

图 3.4 激光器的基本结构示意图

光学等领域得到了广泛应用。微波谐振腔则可能采用强耦合双间隙腔或基于双负介质与负介电常数介质交叠结构的小型化谐振腔。

3.1.1 谐振腔工作原理

谐振腔的工作基于特定频率的电磁波在腔内传播时发生共振，从而实现能量的有效存储和放大。谐振腔的共振特性可以通过调整其几何尺寸、材料属性以及腔内填充物的种类来控制。例如，通过改变传输波导和微腔之间的间距以及传输波导的几何形状，可以影响耦合系数，进而调控品质因数和耦合效率。此外，腔内模式耦合对谱线的调控也是实现不同传输特征的关键。

当激光工作介质被激发时，很多原子会发生跃迁，进入激发态。但是，在经历了激发态的生命周期后，它会自动进入较低的能级，并释放出光子。在这个过程中，远离轴线方向的光子，会迅速地从腔体中逃逸出去。在光学谐振腔内，只有在光束沿轴线方向移动时，才能在两面镜子间不停地反射，而不会脱离腔面。这种轴向移动的光子作为外加光场诱发受激辐射过程。另外，该光子也可以激发工作物质，使其产生与其本身频率、方向、偏振状态及相位一致的受激辐射。在光学谐振腔的轴向，这种现象会一直重复，使得沿着这个方向传播的光子数目不断积累。最后，经过部分反射面的高效率输出，实现了产生和辐射的全过程。这个过程既是对光学谐振腔工作机理的认识，也是对其在激光科技领域的重要应用。因此，该谐振器是一个正反馈或谐振系统。

谐振腔的Q值是衡量其性能的一个重要参数，它反映了谐振腔的能量损耗程度。高Q值意味着较低的损耗和更高的能量存储能力，这对于提高系统的灵敏度和稳定性非常重要。例如，太赫兹环形谐振腔通过优化设计实现了本征Q值高达10^{40}，而圆柱形光声谐振腔的研究表明，通过优化缓冲室长度，可以显著提高谐振腔的品质因数Q。

Q值表达式为：

$$Q = 2\pi \frac{\text{谐振腔内储存的能量}}{\text{每震荡周期损耗的能量}} = 2\pi v \frac{\text{谐振腔内储存的能量}}{\text{单位时间损耗的能量}} = 2\pi v \frac{w}{-dw/dt}$$

（3.1）

总之，谐振腔的设计和优化是一个复杂的过程，需要综合考虑腔体的几何结构、材料属性、填充物种类以及外部条件等因素。通过对这些参数的精细调整，可以实现对谐振腔性能的精确控制，满足不同应用领域的需求。

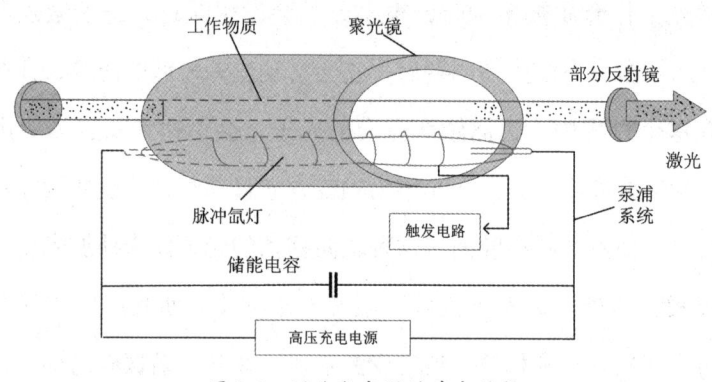

图 3.5　固体激光器的基本结构

3.1.2　谐振腔光学元件选择

在912nm激光器腔的设计中，选用适当的光学元件显得尤为重要。其中，反射镜、透镜、光栅等元件的选取需要遵从对激光器性能的影响，同时兼顾腔内光场的分布。

谐振腔的参数直接影响激光的输出特性，如输出功率、频率特性、光强分布（模式）以及光束发散角等。因此，在选择光学元件时，需要考虑这些参数如何通过谐振腔的设计来优化。腔长和后腔镜曲率半径可以影响激光输出特性的关系，除此之外，光学元件的选择还应考虑到谐振腔内的光场分布。在激光技术领域中，衍射光学元件提供了一种创新的解决方案，用于替代传统的激光谐振腔反射镜。通过采用这种先进的元件，能够实现对激光光束输出的平坦化处理，从而提升激光系统的整体性能。在某些特殊的激光器中，选用光栅作为外腔元件是非常重要的。光栅的选取不但关系到模式的选模性能，而且可以对线宽进行压缩，并可对频率进行调谐。所以，如何选取带宽窄、效率高、可调谐光栅，是研制此类激光器的关键。考虑到激光器的应用需求，如高功率输出或特定波长的输出，可能需要采用特殊的光学元件或结构。随着激光技术的发展，新型谐振腔的设计方法也在不断涌现。常用光学元件的光线变换矩阵如表3.1所示。

表3.1 常用光学元件的光线变换矩阵

光学元件	图例	光纤变换矩阵
均匀介质层 长度 L	入射光线 出射光线 Z_1 L Z_2	$\begin{bmatrix} 1 & L \\ 0 & 1 \end{bmatrix}$
薄透镜 焦距 f（正透镜 $f>0$；负透镜 $f<0$)	入射光线 出射光线	$\begin{bmatrix} 1 & 0 \\ -\dfrac{1}{f} & 1 \end{bmatrix}$

续表

光学元件	图例	光纤变换矩阵
折射率不同的两介质分界面 折射率：n_1,n_2	入射光线 出射光线 n_1 n_2	$\begin{bmatrix} 1 & 0 \\ 0 & \dfrac{n_1}{n_2} \end{bmatrix}$
球面反射镜 曲率半径 R	入射光线 出射光线 R	$\begin{bmatrix} 1 & 0 \\ -\dfrac{2}{R} & 1 \end{bmatrix}$

3.1.3 激光晶体的特性

掺Nd^{3+}激光器作为一种高科技光源，在众多领域内展现出了其不可替代的地位。这些激光器特别是在910~950nm波长范围内，作为基频输出光源，以其卓越的性能和多功能性而备受瞩目。它们利用倍频、和频等非线性混频技术，极大地扩展了激光技术的边界，为激光器的发展带来了新的动力。这种技术的创新不仅推动了新一代激光器的开发进程，而且也为相关产业的应用提供了强大的支持。

Nd:GdVO$_4$晶体中912nm激光的能级跃迁过程如图3.6所示。当Nd:GdVO$_4$晶体产生1064nm的激光输出过程中，能级跃迁存在一定困难，主要在于912nm激光跃迁的发射截面较小，它对应的是Nd^{3+}离子在激光下能级中的特定分布。具体来说，Nd^{3+}离子的基态能级为$^4I_{9/2}$，Stack分裂可以形成5个分支，其中最高位的子能级（Z_5）与相邻的子能级之间的能量差极其微小，仅有408cm^{-1}。因此，要想获得稳定高功率的912nm激光器输出，设计和选择合适的激光晶体至关重要。为了实现这种高功率激光输出的目标，必须深入理解912nm激光场的物理性质，并精确控制其能级跃迁的过程。在建立912nm激光器谐振腔设计理论的过程中，正确选用激光晶体是一个关键步骤。只有这样，才能确保所使用的材料能够满足激光器对波长、频率以及稳定性等方面的严格要求。

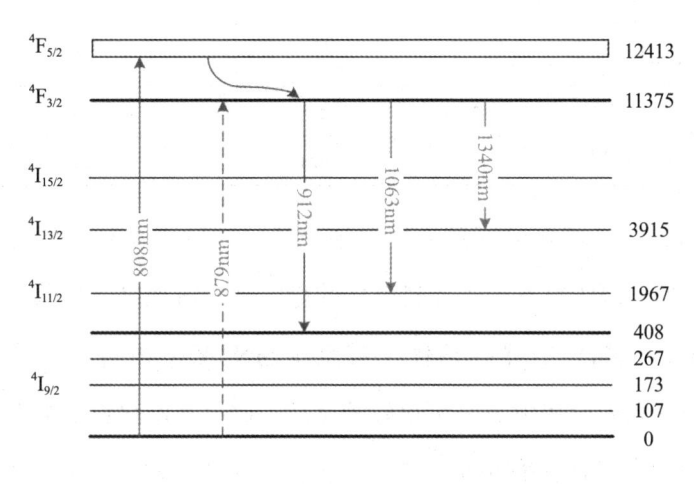

图 3.6 Nd:GdVO$_4$激光介质跃迁能级图

由912nm准三能级激光的腔内输出功率，不难发现，由于再吸收效应的存在，激光介质的掺杂浓度和长度存在特定的最优配置。为了优化912nm激光在腔内的功率，对于准三能级激光介质，如Nd:GdVO$_4$，其掺杂浓度与长度的精细调控与优化设计显得尤为关键。这样的调整旨在确保激光系统能够在最佳状态下运行，从而实现高效、稳定的激光输出。模拟过程中所采用的Nd:GdVO$_4$增益介质的材料性能及参数如表3.2所示。

表3.2 Nd:GdVO$_4$增益介质的材料性能

参量名称	符号	单位	取值
增益介质尺寸	D	10^{-9}m^3	$3(W) \times 3(H) \times 5(L)$

续表

参量名称	符号	单位	取值
激光的吸收截面	σ_a	$10^{-9} cm^2$	1.78×10^{-19} cm
激光的发射截面	σ_e	$10^{-9} cm^2$	6.6×10^{-19} cm
激光波长	λ	nm	912
激光寿命	τ	μs	100
峰值泵浦波长	λ_p	nm	808
在808 nm的峰值吸收系数	α	m^{-1}	0.66
Nd^{3+}掺杂浓度	N_d	at.%	0.1
泵浦光束腰大小	ω_{p0}	μm	200

Nd:GdVO₄晶体在热管理方面表现出色，这对于高功率激光应用是非常重要的，因为它有助于保持晶体的稳定性和避免过热现象。总的来说，Nd:GdVO₄晶体的热导率优于或至少与Nd:YAG相媲美，这使它在某些高功率激光应用中是一个很好的选择。此外，值得特别强调的是，Nd:GdVO₄晶体作为一种单轴晶体，其独特的晶体结构导致了显著的各向异性特性。这种各向异性在晶体场中尤为明显，进而使得该晶体的荧光谱呈现出强烈的偏振性。这一特性对于理解和优化基于Nd:GdVO₄晶体的激光系统性能至关重要。所以本实验选择Nd:GdVO₄晶体，进行912nm激光器谐振腔设计的研究。

3.2 ABCD矩阵方法对谐振腔稳定区的分析

现在将平凹腔等效如下图开始进行分析。由于M_3薄透镜，为了方便计算，将四能级腔中的全反射镜忽略不计。设M_1和M_2两镜片的凹面的曲率半径分别为R_1、R_2，两晶体的焦距相等$f_1=f_2=f$，由此获得单程的变换矩阵表示：

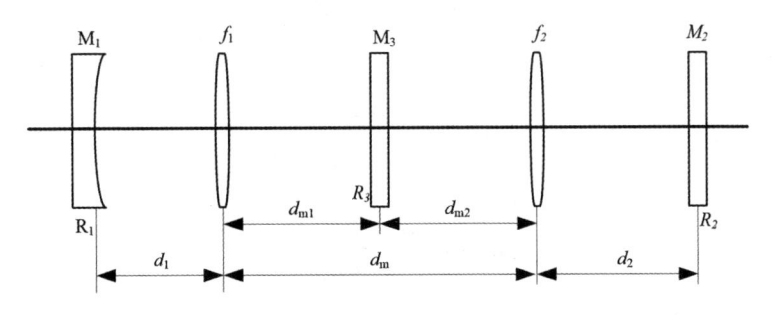

图 3.7 腔内泵浦双波长激光谐振腔示意图

$$\begin{bmatrix} a & b \\ c & d \end{bmatrix} = \begin{bmatrix} 1 & d_2 \\ 0 & 1 \end{bmatrix} \begin{bmatrix} 1 & 0 \\ -\dfrac{1}{f_2} & 1 \end{bmatrix} \begin{bmatrix} 1 & d_m \\ 0 & 1 \end{bmatrix} \begin{bmatrix} 1 & 0 \\ -\dfrac{1}{f_1} & 1 \end{bmatrix} \begin{bmatrix} 1 & d_1 \\ 0 & 1 \end{bmatrix} =$$

$$\begin{bmatrix} -\dfrac{d_2}{f}+(1-\dfrac{d_2}{f})(1-\dfrac{d_m}{f}) & d_1(1-\dfrac{d_2}{f})+d_2(1-\dfrac{d_1}{f})+d_m(1-\dfrac{d_1}{f})(1-\dfrac{d_2}{f}) \\ -(\dfrac{2}{f}-\dfrac{d_m}{f^2}) & -\dfrac{d_1}{f}+(1-\dfrac{d_1}{f})(1-\dfrac{d_m}{f}) \end{bmatrix} \quad (3.2)$$

由此往返一周矩阵为：

$$\begin{bmatrix} A & B \\ C & D \end{bmatrix} = \begin{bmatrix} 1 & 0 \\ -\dfrac{2}{R_1} & 1 \end{bmatrix} \begin{bmatrix} d & b \\ c & a \end{bmatrix} \begin{bmatrix} 1 & 0 \\ -\dfrac{2}{R_2} & 1 \end{bmatrix} \begin{bmatrix} a & b \\ c & d \end{bmatrix} \quad (3.3)$$

激光谐振腔中g^*参数：

$$g_1^* = g_1 + d_m d_2 (1 - \frac{d_1}{R_1}) \frac{1}{f^2} - \left[(1 - \frac{d_1}{R_1})(2d_2 + d_m) - \frac{d_2 d_m}{R_1} \right] \frac{1}{f} \quad (3.4)$$

$$g_2^* = g_2 + d_m d_1 (1 - \frac{d_2}{R_2}) \frac{1}{f^2} - \left[(1 - \frac{d_2}{R_2})(2d_1 + d_m) - \frac{d_1 d_m}{R_2} \right] \frac{1}{f} \quad (3.5)$$

其中：

$$g_1 = 1 - \frac{d_1 + d_2 + d_m}{R_1} \quad (3.6)$$

$$g_2 = 1 - \frac{d_1 + d_2 + d_m}{R_2} \quad (3.7)$$

通过ABCD矩阵，其中各个部分的激光传播过程矩阵的表达式如下：

全反射镜R_1 $\qquad M_1 = \begin{pmatrix} 1 & 0 \\ -\frac{2}{R_1} & 1 \end{pmatrix} \qquad (3.8)$

传播d_1 $\qquad M_{d_1} = \begin{pmatrix} 1 & d_1 \\ 0 & 1 \end{pmatrix} \qquad (3.9)$

激光晶体1 $\qquad M_{cry1} = \begin{pmatrix} 1 & 0 \\ -1/f & 1 \end{pmatrix} \qquad (3.10)$

传播d_m $\qquad M_{d_m} = \begin{pmatrix} 1 & d_m \\ 0 & 1 \end{pmatrix} \qquad (3.11)$

激光晶体2 $\qquad M_{cry2} = \begin{pmatrix} 1 & 0 \\ -1/f & 1 \end{pmatrix} \qquad (3.12)$

传播d_2 $\qquad M_{d_2} = \begin{pmatrix} 1 & d_2 \\ 0 & 1 \end{pmatrix} \qquad (3.13)$

输出镜 $$M_2 = \begin{pmatrix} 1 & 0 \\ -\dfrac{2}{R_2} & 1 \end{pmatrix} \quad (3.14)$$

其中，输出镜R_2为平面镜取值为∞时，由此可以通过光强稳定约束条件$0 < g_1^* g_2^* < 1$，得到谐振腔稳区，随后通过matlab模拟出腔内泵浦双波长激光器谐振腔稳区。

式中将最大泵浦功率情况下的热透镜焦距的值定为$f = 100\text{mm}$，根据实验条件限制和实验本身设计，由此模拟出了满足整个泵浦功率下的谐振腔的稳定区域范围。并且，分别选用不同曲率的全反射镜进行模拟，从中选出更加符合实验的全反射镜，全反射镜为平凹镜，凹面镜曲率半径分别为200mm、300mm、500mm。且输出镜为平镜。

如图3.8所示选择了曲率半径为$R=200\text{mm}$的凹透镜作为全反射镜的主要元件。这种选择不仅考虑到了光学性能，还兼顾了整体的结构和制造的可行性。在第一稳区的范围内，详细研究并确定了激光晶体与全反射镜之间的最佳距离。对于准三能级激光晶体而言，其到全反射镜的距离取值在0~35mm，而四能级激光晶体则相对较近，取值在0~26mm。由于机械结构的限制，适当选择将准三能级激光晶体和四能级激光晶体固定在15mm的位置。当然，这个距离也是由机械夹具决定的，因为它们的尺寸直接影响了谐振腔的整体长度。进一步深入分析发现准三能级激光晶体与全反射镜的距离需要限制在10mm以内。因此，腔内泵浦双波长激光器的谐振腔的总长度被设定为25~61mm。考虑到尽可能缩短谐振腔腔长的需求，以及晶体夹具和机械调整架结构的制约因素，初步将实验中的总谐振腔长度限定在61mm以内。

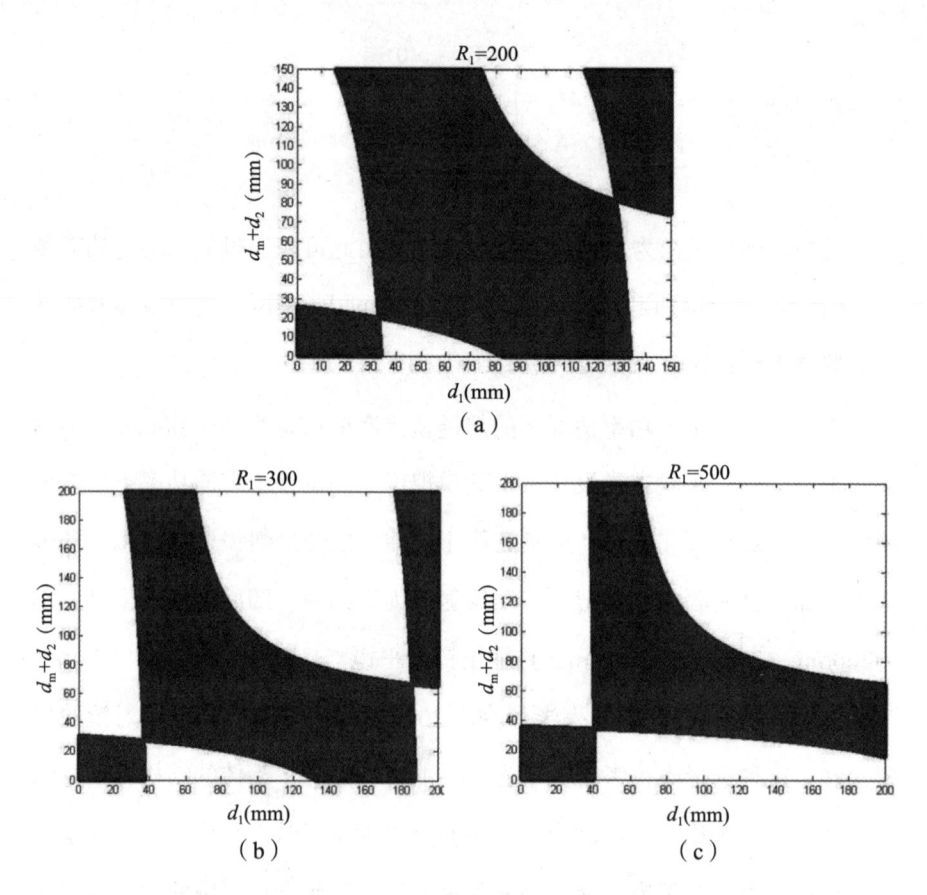

图 3.8　全反射镜不同曲率半径对谐振腔稳区范围的影响

3.2.1　腔内泵浦双波长激光器谐振腔腔内束腰位置和大小理论的建立

在具体腔型进行模拟分析前，首先需要通过简单的谐振腔进行理论分析，才能确定谐振腔内激光束的束腰位置和大小。

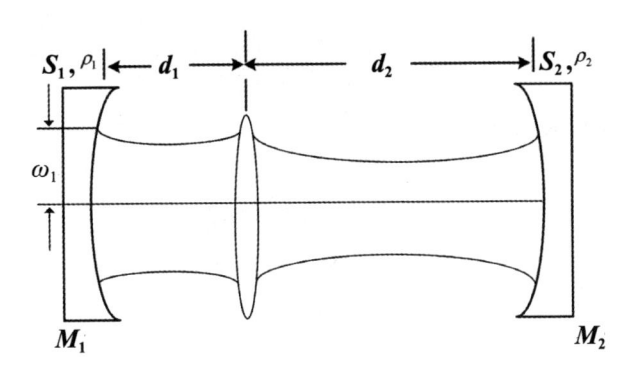

图 3.9 谐振腔束腰情况示意图

以镜子 M_1 为参照，利用模参数的ABCD矩阵为 $\begin{bmatrix} a & b \\ c & d \end{bmatrix}$ 对图3.9所示的简单的多元谐振腔进行分析，由此光束在腔内往返一周的变换矩阵 M 为：

$$M = \begin{bmatrix} A & B \\ C & D \end{bmatrix} = \begin{bmatrix} d & b \\ c & a \end{bmatrix} \begin{bmatrix} 1 & 0 \\ -\dfrac{2}{\rho_2} & 1 \end{bmatrix} \begin{bmatrix} a & b \\ c & d \end{bmatrix} \begin{bmatrix} 1 & 0 \\ -\dfrac{2}{\rho_1} & 1 \end{bmatrix}$$

$$= \begin{bmatrix} b(c - \dfrac{2d}{\rho_1}) + (a - \dfrac{2b}{\rho_1})(d - \dfrac{2b}{\rho_2}) & bd + b(d - \dfrac{2b}{\rho_2}) \\ a(c - \dfrac{2d}{\rho_1}) + (a - \dfrac{2b}{\rho_1})(c - \dfrac{2a}{\rho_2}) & ad + b(c - \dfrac{2a}{\rho_2}) \end{bmatrix} \quad (3.15)$$

令

$$G_1 = a - \dfrac{b}{\rho_1} \quad (3.16)$$

$$G_2 = d - \dfrac{b}{\rho_2} \quad (3.17)$$

根据高斯光束的自再现条件 $\dfrac{1}{q_1} = \dfrac{D - A}{2B} \pm i \dfrac{\sqrt{4 - (A + D)^2}}{2B}$ 可获得：

镜中 i 处的基膜高斯光束束宽：

$$\omega_i^2 = \pm \frac{\lambda b}{\pi} \sqrt{\frac{G_j}{G_i(1-G_1G_2)}} \quad (3.18)$$

束腰大小以及位置

$$\omega_{01}^2 = \pm \frac{\lambda b}{\pi} \sqrt{\frac{G_1G_2(1-G_1G_2)}{G_1(G_1+a^2G_2-2aG_1G_2)}} \quad (3.19)$$

$$\omega_{02}^2 = \pm \frac{\lambda b}{\pi} \sqrt{\frac{G_1G_2(1-G_1G_2)}{G_1(G_1+d^2G_1-2dG_1G_2)}} \quad (3.20)$$

$$L_{01} = \frac{bG_2(a-G_1)}{G_1+a^2G_2-2aG_1G_2} \quad (3.21)$$

$$L_{02} = \frac{bG_2(d-G_2)}{G_2+d^2G_1-2dG_1G_2} \quad (3.22)$$

3.2.2 准三能级激光谐振腔中束腰大小及其位置

准三能级激光的谐振腔等效成图（依据腔内泵浦双波长激光器的设计方案）如图3.10所示。

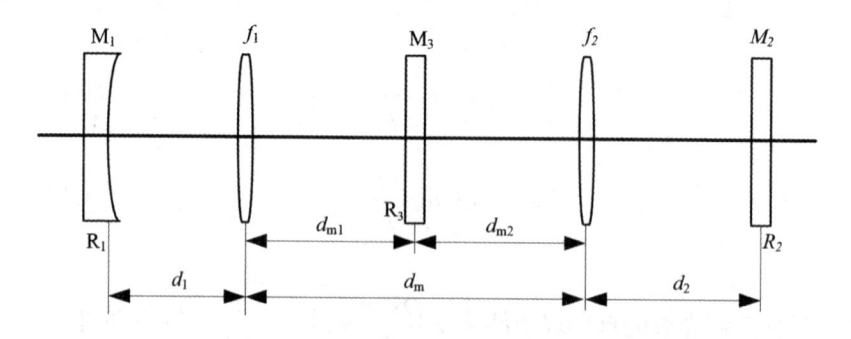

图 3.10 腔内泵浦双波长激光准三能级谐振腔示意图

表3.3 参数说明

M_3	四能级激光的全反射镜	d_1	表示准三能级激光的全反射镜与准三能级激光增益介质的距离
M_1	准三能级激光的全反射镜	d_m	表示准三能级激光增益介质和四能级激光增益介质之间的距离
M_2	准三能级激光的输出镜	d_2	表示四能级激光增益介质与输出镜 M_2 的距离
f_1	代表准三能级激光增益介质的热透镜焦距	f_2	代表四能级激光增益介质的热透镜焦距

准三能级激光谐振腔的单程变换矩阵为：

$$\begin{bmatrix} a & b \\ c & d \end{bmatrix} = \begin{bmatrix} 1 & d_2 \\ 0 & 1 \end{bmatrix} \begin{bmatrix} 1 & 0 \\ -\dfrac{1}{f_2} & 1 \end{bmatrix} \begin{bmatrix} 1 & d_{m2} \\ 0 & 1 \end{bmatrix} \begin{bmatrix} 1 & d_{m1} \\ 0 & 1 \end{bmatrix} \begin{bmatrix} 1 & 0 \\ -\dfrac{1}{f_1} & 1 \end{bmatrix} \begin{bmatrix} 1 & d_2 \\ 0 & 1 \end{bmatrix}$$

（3.23）

通过计算得到矩阵 $\begin{bmatrix} a & b \\ c & d \end{bmatrix}$ 的矩阵分别为：

$$a_q = 1 - \left[d_2 - d_m \left(\frac{d_2}{f_2} - 1 \right) \right] / f_1 - \frac{d_2}{f_2} \quad （3.24）$$

$$b_q = \left(d_2 + d_1 - \frac{d_1 d_2}{f_2} \right) - d_1 \left[d_2 - d_m \left(\frac{d_2}{f_2} - 1 \right) \right] / f_1 - d_m \left(\frac{d_2}{f_2} - 1 \right) \quad （3.25）$$

$$c_q = \left(\frac{d_m}{f_2} - 1 \right) / f_1 - 1 / f_2 \quad （3.26）$$

$$d_q = d_1 \left[\left(\frac{d_m}{f_2} - 1 \right) / f_1 - 1 / f_2 \right] + 1 - \frac{d_m}{f_2} \quad （3.27）$$

G 参数的表达式为：

$$G_{q1} = a_q - \frac{b_q}{R_1} \tag{3.28}$$

$$G_{q2} = d_q - \frac{b_q}{R_2} \tag{3.29}$$

往返一周的矩阵为：

$$\begin{bmatrix} A & B \\ C & D \end{bmatrix} = \begin{bmatrix} 1 & 0 \\ -\frac{2}{R_1} & 1 \end{bmatrix} \begin{bmatrix} d & b \\ c & a \end{bmatrix} \begin{bmatrix} 1 & 0 \\ -\frac{2}{R_2} & 1 \end{bmatrix} \begin{bmatrix} a & b \\ c & d \end{bmatrix} \tag{3.30}$$

则全反射镜和输出镜处光束的束宽分别为：

$$\omega_1 = \frac{\lambda b_q}{\pi} \left[\frac{G_{q2}}{G_{q1}(1 - G_{q1}G_{q2})} \right]^{\frac{1}{2}} \tag{3.31}$$

$$\omega_2 = \frac{\lambda b_q}{\pi} \left[\frac{G_{q1}}{G_{q2}(1 - G_{q1}G_{q2})} \right]^{\frac{1}{2}} \tag{3.32}$$

束腰大小和位置分别表示为：

$$\omega^2_{01q} = \frac{\lambda b_q}{\pi} \left[\frac{\sqrt{G_{q1}G_{q2}(1 - G_{q1}G_{q2})}}{|G_{q1} + a^2_q G_{q2} - 2a_q G_{q1}G_{q2}|} \right] \tag{3.33}$$

$$\omega^2_{02q} = \frac{\lambda b_q}{\pi} \left[\frac{\sqrt{G_{q1}G_{q2}(1 - G_{q1}G_{q2})}}{|G_{q2} + a^2_q G_{q1} - 2a_q G_{q1}G_{q2}|} \right] \tag{3.34}$$

$$L_{01q} = \frac{b_q G_{q2}(a_q - G_{q1})}{G_{q1} + a^2_q G_{q2} - 2a_q G_{q1}G_{q2}} \tag{3.35}$$

$$L_{02q} = \frac{b_q G_{q1}(d_q - G_{q2})}{G_{q2} + d^2_q G_{q1} - 2d_q G_{q1}G_{q2}} \tag{3.36}$$

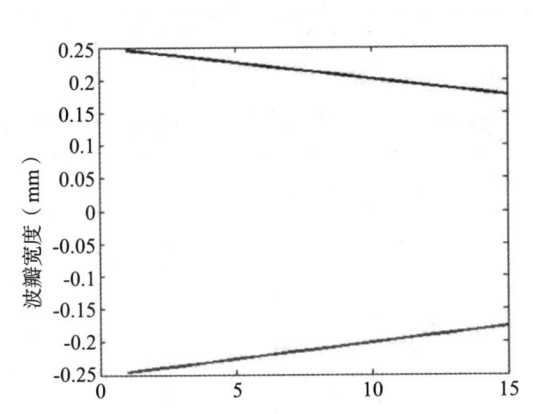

模拟所得到的三能级谐振腔中束腰位置以及大小如图3.11所示。

图 3.11 准三能级谐振腔中束腰位置的示意图

3.2.3 四能级激光谐振腔中束腰大小及其位置

四能级激光的谐振腔等效成图（依据腔内泵浦双波长激光器的设计方案），如图3.12所示。

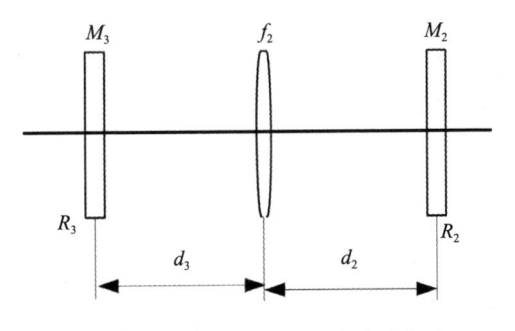

图 3.12 腔内泵浦四能级激光谐振腔

表3.4 参数说明

d_3	全反射镜与四能级激光增益介质的距离	d_2	四能级激光晶体和输出镜 M_2 之间的距离
M_3	四能级激光谐振腔中的全反射镜	M_2	四能级激光谐振腔中的输出镜

四能级激光谐振腔的单程变换矩阵表示：

$$\begin{bmatrix} a & b \\ c & d \end{bmatrix} = \begin{bmatrix} 1 & d_2 \\ 0 & 1 \end{bmatrix} \begin{bmatrix} 1 & 0 \\ -\dfrac{1}{f_2} & 1 \end{bmatrix} \begin{bmatrix} 1 & d_3 \\ 0 & 1 \end{bmatrix} \quad (3.37)$$

通过计算可得到矩阵元分别为：

$$a_f = 1 - \frac{d_2}{f_2} \quad (3.38)$$

$$b_f = d_2 - d_3\left(\frac{d_2}{f_2} - 1\right) \quad (3.39)$$

$$c_f = -1/f_2 \quad (3.40)$$

$$d_f = 1 - \frac{d_3}{f_2} \quad (3.41)$$

G 参数的表达式为：

$$G_{1f} = a_f - \frac{b_f}{R_3} \quad (3.42)$$

$$G_{2f} = d_f - \frac{b_f}{R_2} \quad (3.43)$$

往返一周的矩阵为：

$$\begin{bmatrix} A & B \\ C & D \end{bmatrix} = \begin{bmatrix} 1 & 0 \\ -\dfrac{2}{R_3} & 1 \end{bmatrix} \begin{bmatrix} d_f & b_f \\ c_f & a_f \end{bmatrix} \begin{bmatrix} 1 & 0 \\ -\dfrac{2}{R_2} & 1 \end{bmatrix} \begin{bmatrix} a_f & b_f \\ c_f & d_f \end{bmatrix} \quad (3.44)$$

则全反镜和输出镜处的光束的束宽分别为：

$$\omega_{3f} = \frac{\lambda b_f}{\pi} \left[\frac{G_{2f}}{G_{1f}(1 - G_{1f}G_{2f})} \right]^{\frac{1}{2}} \quad (3.45)$$

$$\omega_{2f} = \frac{\lambda b_f}{\pi} \left[\frac{G_{1f}}{G_{2f}(1 - G_{1f}G_{2f})} \right]^{\frac{1}{2}} \quad (3.46)$$

束腰大小和位置分别为：

$$\omega^2_{01f} = \frac{\lambda b_f}{\pi} \left[\frac{\sqrt{G_{1f}G_{2f}(1 - G_{1f}G_{2f})}}{\left| G_{1f} + a^2_f G_{2f} - 2a_f G_{1f}G_{2f} \right|} \right] \quad (3.47)$$

$$\omega^2_{02f} = \frac{\lambda b_f}{\pi} \left[\frac{\sqrt{G_{1f}G_{2f}(1 - G_{1f}G_{2f})}}{\left| G_{1f} + d^2_f G_{1f} - 2d_f G_{1f}G_{2f} \right|} \right] \quad (3.48)$$

$$L_{01f} = \frac{b_f G_{2f}(a_f - G_{1f})}{G_{1f} + a^2_f G_{2f} - 2a_f G_{1f}G_{2f}} \quad (3.49)$$

$$L_{02f} = \frac{b_f G_{1f}(a_f - G_{2f})}{G_{2f} + d^2_f G_{1f} - 2d_f G_{1f}G_{2f}} \quad (4.50)$$

随后将已知参数代入后得到四能级谐振腔中束腰位置以及大小的模拟情况，如图3.13所示。

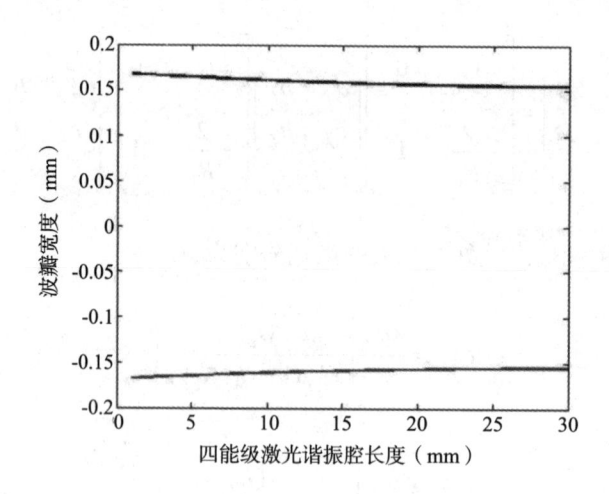

图 3.13 四能级谐振腔中束腰位置的示意图

通过对准三能级激光器与四能级激光速率方程模型进行拟合，获得最优输出反射镜透过率，进而确定出射反射镜的膜系要求，获得准三能级激光输出镜透过率为2%、四能级激光输出镜透过率为5%时最好。在此基础上，利用ABCD矩阵确定全反射镜的稳定区域，选择半径为200mm的全反射镜，腔型稳区为25~61mm，以获得尽可能短的激光结构。

3.3
传播圆图解方法对双波长窄线宽激光器谐振腔的设计

为了深入研究激光技术的前沿领域，一种精确而高效的逻辑分析方法——传播圆分析法应运而生，用以揭示双波长激光谐振腔内部的复杂物理现象。这种方法不仅能够描述光束的传播路径，而且还将其与增益介质的热透镜焦距和动力稳定性联系起来,形成一个全面的逻辑关系。根据双波长窄线宽激光谐振腔的结构特性显示,此系统中存在着两个显著的热扰中心。当这两块增益介质恰好位于泵浦光和腔内激光束的束腰之间时,它们便会因为泵浦光的高能量密度以及准三能级激光的腔内泵浦作用而产生聚焦效应,这种聚焦作用将直接导致热透镜效应的增强,使得原本被忽视的热透镜效应变得尤为显著。

在传播圆图解分析法中,σ圆是与光轴相交的圆,它专门用于描述高斯光束在光轴上各个点上的曲率半径,以及这些半径随传播距离的变化情况。而π圆则是一系列正切于光轴的圆形轨迹,这些圆用来描绘光在光斑处发生的基模光斑尺寸分布。通过对这些参数的精确测量和分析,能够更好地理解激光谐振腔内的动态行为和光学特性。此外,通过比较和分析σ圆和π圆的大小关系,可以进一步了解激光谐振腔中各部分之间的相互作用。例如,当σ圆变大时,说明泵浦光和激光束腰之间的相互作用更加强烈,从而可能影响到增益介质的热稳定性。反之,如果π圆变大,则表明基模光斑的尺寸增大,这可能会对整个系统的性能产生积极的影响。因此,传播圆分析法不仅提供了一种强大的工具,以便于研究者理解和操纵激光器中的关键物理过程,也为设计更高效率、更稳定的激光器提供了理论依据。

假设用高斯光束来描述光束模式,则沿z轴方向传播的电场分量可表示为:

$$E = c\frac{\omega_0}{\omega}\exp\left[-i\frac{2\pi z}{\lambda} - i\frac{\pi}{\lambda R}(x^2+y^2) - \frac{x^2+y^2}{\omega^2} + i\phi\right] \quad (3.51)$$

式中,

$$R = z\left[1 + \left(\frac{\pi\omega^2}{\lambda z}\right)^2\right] \quad (3.52)$$

$$\omega^2 = \omega_0^2\left[1 + \left(\frac{\lambda z}{\pi\omega_0^2}\right)^2\right] \quad (3.53)$$

$$\phi = \arctan\left(\frac{\lambda z}{\pi\omega_0^2}\right) \quad (3.54)$$

ω_0 为束腰处的光斑大小，λ 为激光光束波长，式（3.52）为各位置处的波面曲率半径，式（3.53）为光斑大小，式（3.54）为衍射附加相移。

张光寅先生基于圆波转换方法，进一步完善出一套较为完整的共振结构的解析方法，该方法简单直观，避免了繁琐的方程及繁琐的运算，同时也便于确定共振腔的优化参数。

首先引入一个光束参数 b_0，它与 ω_0 的关系式如下：

$$\omega_0 = \sqrt{\frac{b_0\lambda}{\pi}} \quad (3.55)$$

此时上式可改写成：

$$R = \frac{b_0^2 + z^2}{z} \quad (3.56)$$

$$\omega = \sqrt{\frac{\lambda}{\pi}}\sqrt{\frac{b_0^2 + z^2}{b_0}} \quad (3.57)$$

根据上式内容可知，高斯光束的特性参数 ω 不仅依赖于激光波长，也依赖于光束参数 b_0，因此，在引入双侧焦点 F_l 和 F_l' 位置后，利用传播圆图作图法即可绘制出高斯光束在谐振腔中的传输特性。

为了简化讨论，本研究并没有将全反射镜M3的效应考虑在内，而是直接关注于谐振腔中两个热透镜的结构。这些热透镜位于激光谐振腔内，当激光穿过这些透镜时，热效应导致温度升高，从而在透镜表面产生热扰中心，如图3.14所示。这些热扰中心会显著增加激光输出的不稳定性，这可能会对激光器的性能产生负面影响。因此，如何设计能够抑制或至少减轻这种不稳定性成了一个关键问题。

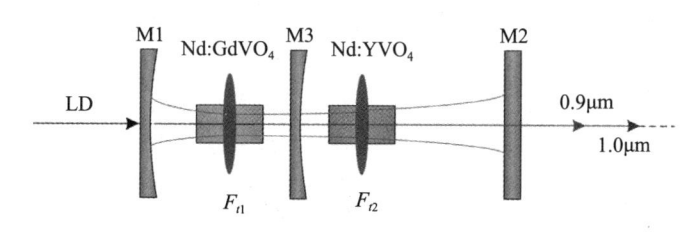

图 3.14　谐振腔中包含两个热透镜

为了解决这个问题，将准三能级激光增益介质放置在F_{t1}点，而四能级激光增益介质则放置在F_{t2}点。并建立一种几何关系，该关系能够保证腔内泵浦双波长窄线宽激光谐振腔稳定运转。这种稳定不仅涉及光学参数的精确控制，还包括材料的选择、制造工艺以及整体系统的优化。

3.3.1　两镜腔的图解分析法

一个由简单结构组成的光学谐振腔如图3.15所示，它主要由两个球面镜构成：M1和M2。在这种配置下，两镜面上的波面与各自的镜面完美地重合，形成了一个理想的共振系统。反射镜的曲率半径为R_1和R_2。为了精确定位谐振腔内的高斯光束，需要计算出M1镜的σ_1圆和M2镜的σ_2圆。这些圆的大小和方向会影响光束的传播模式以及最终的能量分布。通过此种方法，能够确定腔内高斯光束的运动路径和特性。当这两个圆相交时，它们的交汇点将成为腔内振荡高斯光束的侧焦点且两侧焦点离光轴的距离

b_0 即为腔内振荡高斯光束的束参数。这些参数包括光束的横向和纵向强度分布,以及光束的相干性等。

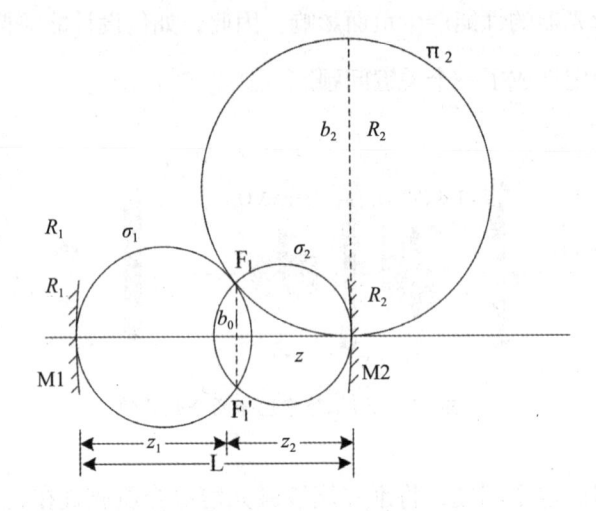

图 3.15 两镜腔光模特性的图解

由上图所示的几何关系可以得到:

$$b_0 = \sqrt{z_2(R_2 - z_2)} \text{ 或 } b_0 = \sqrt{z_1(R_1 - z_1)} \quad (3.58)$$

式中,z_1 和 z_2 分别为两反射镜与束腰的距离,L 为两反射镜的间距。

$$z_1 = \frac{L(R_2 - L)}{R_1 + R_2 - 2L}, \quad z_2 = \frac{L(R_1 - L)}{R_1 + R_2 - 2L} \quad (3.59)$$

将式(3.59)代入式(3.58)中,再将其代入式(3.55)中,得到束腰基模光斑尺寸:

$$\omega_0^4 = \left(\frac{\lambda}{\pi}\right)^2 \frac{L(R_1 - L)(R_2 - L)(R_1 + R_2 - L)}{(R_1 + R_2 - 2L)^2} \quad (3.60)$$

进而,利用式(3.58)、式(3.59)和式(3.57),求得反射镜M1和输出镜M2处的基模光斑尺寸:

$$\omega_1^4 = \left(\frac{\lambda}{\pi}\right)^2 \frac{LR_1^2(R_2-L)}{(R_1-L)(R_1+R_2-L)} \quad (3.61)$$

$$\omega_2^4 = \left(\frac{\lambda}{\pi}\right)^2 \frac{LR_2^2(R_1-L)}{(R_2-L)(R_1+R_2-L)} \quad (3.62)$$

根据上式可知，ω_0 须有实值解，且必须满足：

$$R_1+R_2 > L > R_1(>R_2) \quad (R_1>)R_2 > L > 0 \quad (3.63)$$

或

$$0 < g_1g_2 < 1 \quad (3.64)$$

式中，

$$g_1 = 1-\frac{L}{R_1}, \quad g_2 = 1-\frac{L}{R_2} \quad (3.65)$$

因此，可以得到两镜腔中高斯光束的基模光斑尺寸 ω_0，ω_1 和 ω_2 随两镜间距离 L 的变化，并根据 ω 的实值区域判定腔内是否存在稳定振荡的高斯光束。

3.3.2 腔内包含单热扰中心的热稳腔

在固体激光器的世界里，特定的泵浦光能量被激射到增益介质上，以触发其内部的谱线跃迁过程。然而，这些跃迁过程所需的仅仅是极小一部分泵浦光能量，其余的大部分则转化成热能。由于增益介质内部和表面之间存在着温差，这种温度差会导致整个激光棒的内部温度发生梯度变化。随着温度的升高或降低，热透镜效应便随之产生。这种效应不仅对固体激光器的稳定性有着深远的影响，而且对于腔内基模光斑的大小也起着决定性作用。如果腔内的热透镜扰动过大，可能会破坏激光的正常输出，或者使得基模光斑变得不稳定、大小不一。因此，在设计和分析腔内泵浦双波长激光结构时，特别是在涉及准三能级激光系统时（如包含单一热扰中心），进行热稳腔分析就显得尤为重要。

腔内泵浦双波长激光谐振腔中包含有两个热透镜，简化分析此结构中包含单热扰中心的准三能级激光热稳腔。故首先考虑准三能级激光热透镜处的基模光斑尺寸。在不考虑冷却液轴向温度的影响下，并假定激光增益介质内部热流沿径向均匀分布，则增益介质内部的温度分布可以表示为：

$$\frac{\mathrm{d}^2 T}{\mathrm{d} r^2} = \frac{1}{r}\frac{\mathrm{d} T}{\mathrm{d} r} + \frac{A}{k} = 0 \quad (3.66)$$

式中，k 为热导率，A 为单位体积均匀发热的速率，它可以表示为：

$$A = \frac{\eta P_{in}}{\pi r_0^2 l} \quad (3.67)$$

式中，P_{in} 为泵浦光功率，η 为耗散在增益介质上的热功率占泵浦功率的百分比，l 为增益介质长度，r_0 为增益介质的半径。增益介质内的折射率分布为：

$$n(r) = n_0 - \frac{A}{4k} \cdot \frac{\partial n}{\partial T} \cdot r^2 - \frac{1}{2} n_0^3 \frac{\alpha A}{k} C_{r,\varphi} r^2 \quad (3.68)$$

一般情况下，忽略上式中的第三项（第二项远大于第三项），则上式简化为：

$$n(r) = n_0 \left(1 - \frac{2}{B^2} r^2\right) \quad (3.69)$$

式中，

$$B^2 = \frac{8 n_0 k}{A} \cdot \left(\frac{\partial n}{\partial T}\right)^{-1} \quad (3.70)$$

因此等效透镜的焦距 f 为：

$$f = \frac{B}{2n_0 \sin \frac{2l}{B}} \approx \frac{B^2}{4n_0 l} = \frac{2\pi k r_0^2}{\eta P_{in}} \cdot \left(\frac{\partial n}{\partial T}\right)^{-1} \quad (3.71)$$

由上式可知，热透镜焦距与泵浦功率成反比，与增益介质半径的平方成正比。对于端面泵浦条件下沿c轴切割的Nd:GdVO$_4$激光增益介质，当泵浦光为808nm且束腰半径为300μm，耗散在Nd:GdVO$_4$的热功率占泵浦光功率的百分比 $\eta = 0.8$，当室温为20℃且水冷温度为19℃时，利用COMSOL进行了两块增益介质的温度仿真，其晶体温度分布如表3.5所示。

表3.5 具体参数说明

Nd:GdVO$_4$ 尺寸	3mm×3mm×6mm	热光系数	$\partial n / \partial T = 6.9 \times 10^{-6} / K$
折射率	$n_0 = 2.192$	导热率	$k = 8.6 / (m \cdot K)$
热透镜焦距值	733.8mm	腔内输出功率	30W
Nd:YVO$_4$ 尺寸	3mm×3mm×5mm	热光系数	$\partial n / \partial T = 8.5 \times 10^{-6} / K$
吸收系数	2.6cm^{-1}	传热系数	6.5Wm^{-2}K^{-1}
热膨胀系数	$4.43 \times 10^{-6} K^{-1}$		

在腔内泵浦结构中准三能级激光增益介质内部热温度分布的仿真结果，参见图3.16。其末端表面温度为295.51K。这一温度值也是腔内四能级激光增益介质温度特性的主要热源。基于腔内四能级热源的温度数值，即可得到四能级激光增益介质Nd:YVO$_4$内部的热温度分布曲线，如图3.17所示。可见，Nd:GdVO$_4$准三能级激光增益介质中存在较为显著的热效应问题。这种效应极大地限制了激光的性能提升空间，并对激光器的整体稳定性构成挑战。为了进一步分析此现象，需利用传播圆理论来估算腔内准三能级激光的热透镜焦距值。

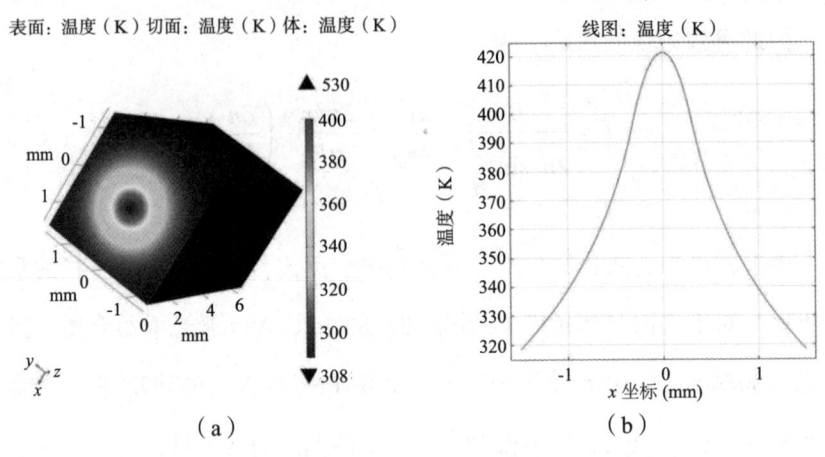

图 3.16 腔内 Nd:GdVO$_4$ 激光增益介质的热温度分布

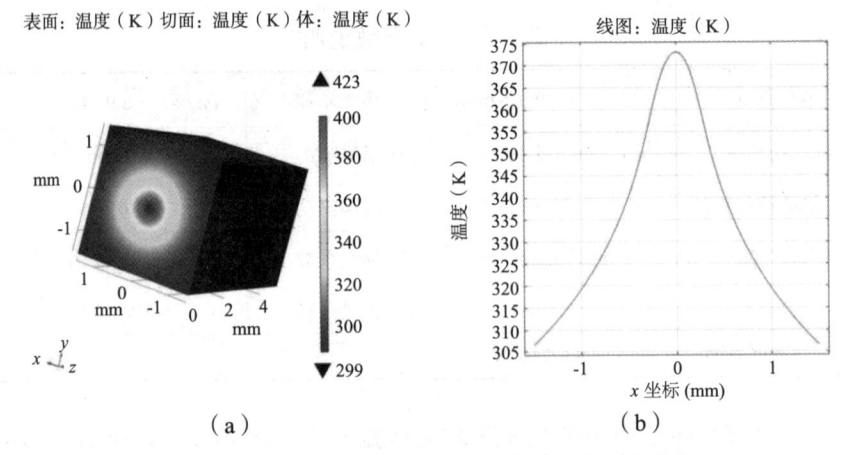

图 3.17 腔内 Nd:YVO$_4$ 激光增益介质的热温度分布

根据传播圆理论中双波长激光基模热稳腔稳定运转条件，要求满足热扰中心处的 π_1 圆与 π_2 圆不变，同时相切；且满足谐振腔M1镜的 σ_1 圆的"像" σ_1' 圆同时与 π_1 圆与 π_2 圆相切。将准三能级激光增益介质置于 F_{t1} 处，四能级激光增益介质置于 F_{t2} 处。F_{t1} 处较小的 π_1 圆应符合准三能级增益介质处小光束的要求；F_{t2} 处较大的 π_2 圆应符合自孔径选基模的要求，也就是说四能级增益介质处有较大基模光斑尺寸的要求。根据 π_1

圆、π_2圆和σ_1'圆三者同切于一点的几何关系，实现腔内泵浦双波长窄线宽激光的谐振腔设计，如图3.18所示：

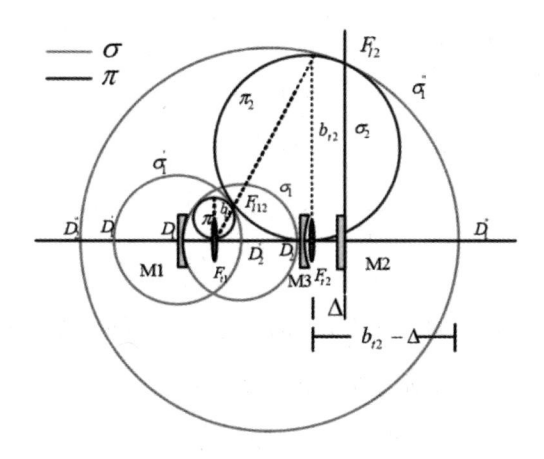

图3.18 腔内泵浦双波长窄线宽激光器基模热稳腔的几何关系图解

首先按自孔径选基模的要求，得到π_2圆的直径：

$$b_{t2} = \frac{\phi^2}{4\lambda_2} \quad (3.72)$$

式中$\phi = 2\sqrt{\pi}\omega_{t2}$为增益介质的直径，则$\pi_1$圆的直径为：

$$b_{t1} = \frac{\pi\omega_{t1}^2}{\lambda_1} \quad (3.73)$$

ω_{t1}为透镜M1的基模光斑尺寸，且可以通过做M1镜处的π_1圆来确定，ω_{t2}代表M2镜的基模光斑尺寸，且可以通过做M2镜处的π_2圆来确定。由于腔内泵浦双波长激光谐振腔的特殊结构（即四能级激光谐振腔被嵌套在准三能级激光谐振腔中），因此在此结构中简化后的准三能级激光谐振腔属于腔内包含单一热扰中心的非对称谐振腔。根据热稳腔稳定运转条件，π_1圆和π_2圆相切于F_{t12}点，且它们又分别切光轴于F_{t1}和F_{t2}处的几何关系，得到F_{t1}和F_{t2}的距离为：

$$\overline{F_{t1}F_{t2}} = \sqrt{b_{t1}b_{t2}} \quad (3.74)$$

根据 σ_1' 圆与 π_2 圆相切于 F_{t12} 点的几何关系，可得到 σ_1' 圆与光轴的相交点 d_1' 和 d_2' 的位置关系：

$$\overline{F_{t1}d_1'} = \frac{b_{t1}b_{t2} + b_{t1}\sqrt{b_{t1}b_{t2}}}{b_{t2} - b_{t1}} \quad (3.75)$$

$$\overline{F_{t1}d_2'} = \frac{b_{t1}b_{t2} - b_{t1}\sqrt{b_{t1}b_{t2}}}{b_{t2} - b_{t1}} \quad (3.76)$$

利用 σ_1' 圆与光轴的相交点 d_1' 和 d_2' 与 F_{t1} 的距离 (d_1', d_2')，根据模像变换关系，得到 σ_1 圆与光轴交点 d_1 和 d_2 的距离：

$$\overline{F_{t1}d_1} = \frac{f_{t1}\overline{F_{t1}d_1'}}{\overline{F_{t1}d_1'} - f_{t1}} \quad (3.77)$$

$$\overline{F_{t1}d_2} = \frac{f_{t1}\overline{F_{t1}d_2'}}{\overline{F_{t1}d_2'} - f_{t1}} \quad (3.78)$$

f_{t1} 为热透镜 F_{t1} 的焦距值。因此可以得到 M1 镜的位置及曲率半径：

$$R1 = \overline{F_{t1}d_1} + \overline{F_{t1}d_2} \quad (3.79)$$

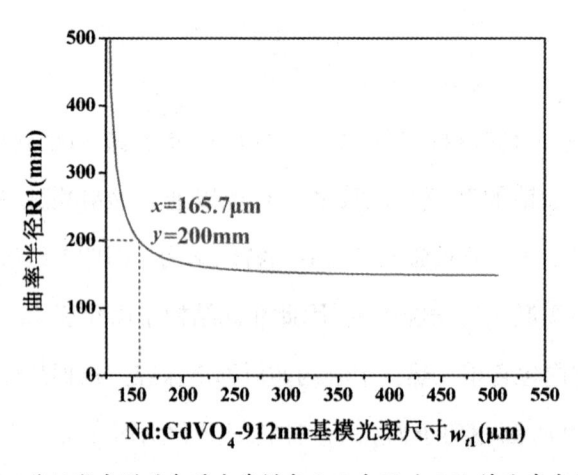

图 3.19 准三能级激光增益介质内基模光斑尺寸 ω_{t1} 与 M1 镜曲率半径 R1 的关系

如图3.19所示，准三能级激光增益介质内基模光斑尺寸ω_{t1}与M1镜曲率半径R_1的关系：随着M1镜曲率半径R_1的减小准三能激光增益介质的基模光斑尺寸逐渐增大，若f_{t1}=733.8mm，则R_1=200mm，ω_{t1}=165.7μm。

3.3.3 腔内包含双热扰中心的热稳腔

基于上一小节的结果分析能够进一步确定腔内泵浦双波长窄线宽激光结构中四能级激光系统中平面镜M2镜的位置及f_{t2}值（透镜F_{t2}的焦距值）。如图3.18所示，$\sigma_1^{''}$圆与光轴右交点$d_1^{''}$到F_{t2}的距离为$b_{t2}-\Delta$；$\sigma_1^{''}$圆与光轴左交点$d_2^{''}$到F_{t2}的距离为$b_{t2}+\Delta$，Δ的大小与F-P标准具夹具宽度近似相等，目的在于实现窄线宽输出过程中，F-P标准具有足够的空间来实现竖直角度的调节。由于$\sigma_1^{''}$圆是由$\sigma_1^{'}$圆通过F_{t2}变换后的"像"圆，因而$\sigma_1^{''}$圆与光轴的交点$d_1^{''}$点，也就是$\sigma_1^{'}$圆与光轴的交点$d_2^{'}$以及$\sigma_1^{'}$圆与光轴的交点$d_1^{'}$点，通过F_{t2}变换所成的像。

因此，当给定了M2镜与F_{t2}的距离Δ时，可以确定f_{t2}值：

$$f_{t2} = \frac{\overline{F_{t2}d_1^{'}}(b_{t2}-\Delta)}{b_{t2}-\Delta+\overline{F_{t2}d_1^{'}}} \quad (3.80)$$

式中，$\overline{F_{t2}d_1^{'}}$可以根据公式（3.67）和式（3.68）确定：

$$\overline{F_{t2}d_1^{'}} = \overline{F_{t1}F_{t2}} + \overline{F_{t1}d_1^{'}} \quad (3.81)$$

$$\overline{F_{t2}d_1^{'}} = \sqrt{b_{t1}b_{t2}} + \frac{b_{t1}b_{t2}-b_{t1}\sqrt{b_{t1}b_{t2}}}{b_{t2}-b_{t1}} \quad (3.82)$$

如图3.20所示，当$\Delta=17mm$时，腔内四能级激光增益介质基模光斑尺寸ω_{t2}与f_{t2}的关系，以及腔内两个热扰中心f_{t1}和f_{t2}的距离$\overline{F_{t1}F_{t2}}$与ω_{t2}的关系。

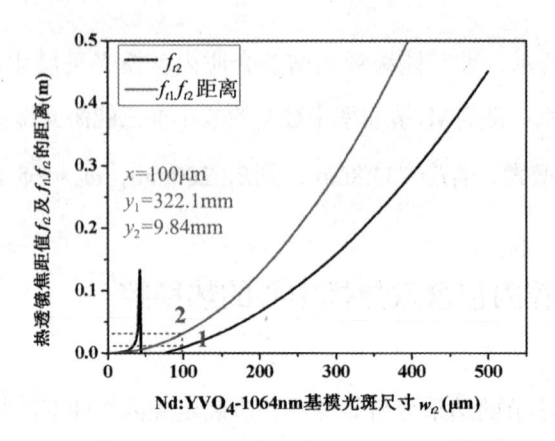

图 3.20 Nd:YVO$_4$ 基模光斑尺寸 ω_{t2} 与 f_{t2} 以及 $\overline{F_{t1}F_{t2}}$ 的关系

已知热扰中心位于激光增益介质几何中心，故通过仿真结果图3.20可以观察到一个关键的现象：当两个热扰中心的距离被增加时，相应地，四能级激光增益介质的基模光斑的尺寸会逐渐增大。两者之间的数值大小存在着相互关联。为了保证基模光斑的尺寸处于一个理想状态（即最小值），因此必须在腔内精确控制两个增益介质的间距。假设腔内两个热扰中心的距离为9.84mm。根据仿真结果，此状态下四能级激光增益介质的基模光斑尺寸为100μm，对应的热透镜焦距值为322.1mm。这个数值提供了一个明确的参考点，用以评估激光腔内热扰中心间距对激光性能的影响。通过这种方式，可以确保激光器具有良好的光束质量和高效率输出，满足各种应用场景的需求。

3.4
腔内泵浦双波长窄线宽激光器的动力稳定腔

在现代激光技术中，要想实现高品质的腔内泵浦双波长窄线宽激光输出，首先必须解决热动力学问题。这是因为谐振腔内的热效应不仅影响着激光的传输特性，还决定了光束的稳定性和质量。特别是热透镜所产生的热动力因子，它直接关系到腔内激光束的稳定性，进而对输出光束质量有着决定性的影响。为了深入理解并优化这些参数，本节采用传播圆-变换圆图解法来分析谐振腔的动力稳定性。这种方法结合了经典光学理论与数值计算，提供了一种精确且高效的工具，以量化和预测谐振腔中各部分的热力学响应。通过这种方式，可以更准确地评估不同设计选项下的性能差异，从而指导实验设计，确保激光系统能够在实际应用中表现出色。

3.4.1 单波长0.9μm激光器的动力稳定腔

为了实现单波长激光输出的动力稳定，必须深入研究并理解激光谐振腔中包含的单一热透镜的热动力因子是如何影响其运转特性的。以准三能级激光器为例（腔内包含单一热透镜）并对其谐振腔进行细致的分析。图中 σ_1 圆和 σ_2 圆分别内切M_1镜和M_2镜于光轴处，其直径分别等于两镜的曲率半径R_1和R_2。

从图中可以看出，π_t 圆与 σ_1 圆相交于 F_{l1}^+ 和 F_{l1}^-，π_t 圆与 σ_2 圆相交于 F_{l2}^+ 和 F_{l2}^-。当热动力因子取某一定值时，F_{l1}^+ 和 F_{l2}^+ 分别为两方高斯光束的侧焦点，通过 F_{l1}^+ 点同时切光轴于M_1镜处的圆即为 π_1^+ 圆，并以此来确定M_1镜处描述准三能级基模光斑尺寸，同理，可以确定M_2镜处的 π_2^+ 圆。当热动力因子取另一定值时，则 F_{l1}^- 和 F_{l2}^- 为两方高斯光束的侧焦点，亦可按上述方法确定 π_1^- 圆 π_2^- 圆。通过建立 π_t 圆、π_1^+（π_1^-）圆与 π_2^+（π_2^-）圆，并获得其对应直径 b_t、b_1^+（b_1^-）与 b_2^+（b_2^-），即可确定相应的基模光斑尺寸为：

$$\omega_t = \sqrt{\frac{b_t \lambda}{\pi}}, \quad \omega_i^{\pm} = \sqrt{\frac{b_i^{\pm} \lambda}{\pi}} \quad (i=1,2) \tag{3.83}$$

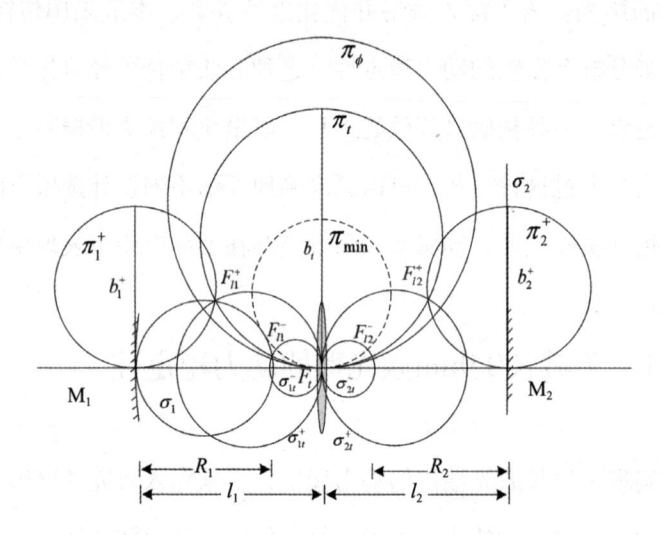

式中 λ 为激光波长。

图 3.21 准三能级激光谐振腔光模特性的图解分析

为了更详细的描述基模光斑尺寸大小与热动力因子及谐振腔参数之间的依赖关系，故引入 σ_{1t}^{+}、σ_{1t}^{-}、σ_{2t}^{+} 和 σ_{2t}^{-} 圆，根据模像变换原理，这四个变换圆的半径 υ_1^{+}、υ_1^{-}、υ_2^{+}、υ_2^{-} 需满足如下关系：

$$\frac{1}{f_{t1}} = \frac{1}{2\upsilon_1^{\pm}} + \frac{1}{2\upsilon_2^{\pm}} \tag{3.84}$$

根据上图中 π_t 圆、σ_1 圆、σ_2 圆与变换圆 σ_{1t}^{+}、σ_{1t}^{-}、σ_{2t}^{+}、σ_{2t}^{-} 相交于其侧焦点 F_{t1}^{+}、F_{t1}^{-}、F_{t2}^{+}、F_{t2}^{-} 的图解几何关系，分别可以得到：

$$\upsilon_1^{\pm} = \frac{(2l_1 - R_1)b_t^2 \pm b_t R_1 \sqrt{b_t^2 - 4u_1^2}}{4b_t^2 + 4R_1 u_1} \tag{3.85}$$

$$v_2^{\pm} = \frac{(2l_2 - R_2)b_t^2 \pm b_t R_2 \sqrt{b_t^2 - 4u_2^2}}{4b_t^2 + 4R_2 u_2} \quad (3.86)$$

式中，腔镜M_1和M_2的腔参数：$u_1 = \frac{l_1(l_1 - R_1)}{R_1}$，$u_2 = \frac{l_2(l_2 - R_2)}{R_2}$，两镜腔热透镜的焦距：$l_1$和$l_2$。

为了精确掌握准三能级激光动力稳定区的物理特性，需通过对其有效边界进行深入分析，并运用相关数学模型来估算出该区域的有效宽度。这种方法不仅能够明确热透镜焦距值发生显著变化时，准三能级激光能否保持稳定运行的基本情况，而且还可以确保在不同条件下，如温度波动、环境湿度变化等因素影响下系统的稳定性和可靠性。

在腔内准三能级激光存在有限孔径ϕ的情况下，ω_{t1}的最大允许值为：

$$\omega_\phi = \frac{\phi}{2\sqrt{\pi}} \quad (3.87)$$

确保912nm准三能级激光在低衍射损耗的情况下能够有效地运转的必要条件为：$\omega_{t1} \leq \omega_\phi$。依据模像变换关系可得：

$$\frac{1}{f_{t1}} = \frac{1}{f_0} \mp \frac{\sqrt{b_t^2 - 4u_1^2}}{2b_t u_1} \mp \frac{\sqrt{b_t^2 - 4u_2^2}}{2b_t u_2} \quad (3.88)$$

式中，$u_1 = \frac{l_1(l_1 - R_1)}{R_1}$，$u_2 = \frac{l_2(l_2 - R_2)}{R_2}$，$\frac{1}{f_0} = \frac{1}{l_1} + \frac{1}{l_2} + \frac{1}{2u_1} + \frac{1}{2u_2}$。

可得：

$$b_t^2 = \frac{4\left(\dfrac{1}{f_{t1}} - \dfrac{1}{f_0}\right)^2}{\dfrac{1}{4u_1^2 u_2^2} - \left[\left(\dfrac{1}{f_{t1}} - \dfrac{1}{f_0}\right)^2 - \dfrac{u_1^2 + u_2^2}{4u_1^2 u_2^2}\right]^2} \quad (3.89)$$

根据图3.21所示的图解关系可得：

$$b_1^\pm = \frac{l_1^2}{2u_1^2}\left[b_t \mp \sqrt{b_t^2 - 4u_1^2}\right] \qquad (3.90)$$

$$b_2^\pm = \frac{l_2^2}{2u_2^2}\left[b_t \mp \sqrt{b_t^2 - 4u_2^2}\right] \qquad (3.91)$$

依据准三能级激光模式稳定区被限制在两个热动力因子区域内的先决条件：

$$\text{I区}\begin{cases}\dfrac{1}{f_a} = \dfrac{1}{l_1} + \dfrac{1}{l_2} \\ \dfrac{1}{f_b} = \dfrac{1}{l_1} + \dfrac{1}{l_2} + \dfrac{1}{u_1}\end{cases} \qquad (3.92)$$

$$\text{II区}\begin{cases}\dfrac{1}{f_c} = \dfrac{1}{l_1} + \dfrac{1}{l_2} + \dfrac{1}{u_2} \\ \dfrac{1}{f_d} = \dfrac{1}{l_1} + \dfrac{1}{l_2} + \dfrac{1}{u_1} + \dfrac{1}{u_2}\end{cases} \qquad (3.93)$$

因此，准三能级激光两个动力稳定区的宽度可以被确定为：

$$\Delta\frac{1}{f_{ab}} = \left|\frac{1}{f_b} - \frac{1}{f_a}\right| = \frac{1}{|u_1|}, \quad |u_1| > |u_2| \qquad (3.94)$$

$$\Delta\frac{1}{f_{cd}} = \left|\frac{1}{f_d} - \frac{1}{f_c}\right| = \frac{1}{|u_2|}, \quad |u_1| > |u_2| \qquad (3.95)$$

利用MATLAB数学仿真软件得到准三能级激光增益介质基模光斑尺寸ω_{t1}随热动力因子$1/f_{t1}$的变化关系曲线如图3.22所示，图中ω_{t1}表示为准三能级激光增益介质热透镜焦距F_{t1}处的基模光斑尺寸，此外，ω_{t1}、ω_1^+、ω_1^-、ω_2^+和ω_2^-分别表示由π_t圆、π_1^+（π_1^-）圆与π_2^+（π_2^-）圆的直

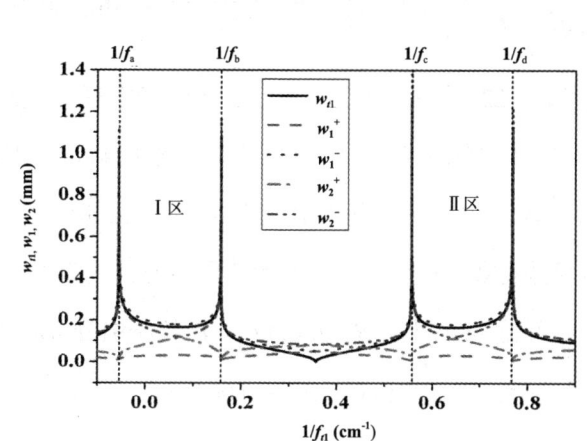

径 b_t、b_1^+（b_1^-）与 b_2^+（b_2^-）所对应的基模光斑尺寸。

图 3.22　准三能级激光增益介质基模光斑尺寸 ω_{t1} 与热动力因子 $1/f_{t1}$ 的关系曲线

当激光棒的孔径为有限尺寸，依据 ω_{t1} 的最大允许值[式（3.87）]。则获得与 ω_ϕ 对应的 π_1 圆直径，即：

$$b_t = \frac{\phi^2}{4\lambda} \tag{3.96}$$

因此，得到有准三能级激光效动力稳定区的边界被确定为：

Ⅰ区：$$\begin{cases} \dfrac{1}{f_a^*} = \dfrac{1}{f_0} - \dfrac{\sqrt{\phi^4 - 64\lambda^2 u_1^2}}{2\phi^2 u_1} - \dfrac{\sqrt{\phi^4 - 64\lambda^2 u_2^2}}{2\phi^2 u_2} \\ \dfrac{1}{f_b^*} = \dfrac{1}{f_0} - \dfrac{\sqrt{\phi^4 - 64\lambda^2 u_1^2}}{2\phi^2 u_1} - \dfrac{\sqrt{\phi^4 - 64\lambda^2 u_2^2}}{2\phi^2 u_2} \end{cases} \tag{3.97}$$

Ⅱ区：$$\begin{cases} \dfrac{1}{f_c^*} = \dfrac{1}{f_0} - \dfrac{\sqrt{\phi^4 - 64\lambda^2 u_1^2}}{2\phi^2 u_1} - \dfrac{\sqrt{\phi^4 - 64\lambda^2 u_2^2}}{2\phi^2 u_2} \\ \dfrac{1}{f_d^*} = \dfrac{1}{f_0} - \dfrac{\sqrt{\phi^4 - 64\lambda^2 u_1^2}}{2\phi^2 u_1} - \dfrac{\sqrt{\phi^4 - 64\lambda^2 u_2^2}}{2\phi^2 u_2} \end{cases} \tag{3.98}$$

准三能级激光两个有效动力稳定区的宽度也会被确定为：

$$\left|\frac{1}{f_b^*}-\frac{1}{f_a^*}\right|=\left|\frac{1}{f_d^*}-\frac{1}{f_c^*}\right|=\frac{\sqrt{\phi^4-64\lambda^2 u_1^2}}{\phi^2|u_1|}, \quad |u_1|>|u_2| \quad (3.99)$$

进一步分析图3.22、图3.23可知，准三能级激光增益介质基模光斑尺寸与热动力因子之间的变化关系具有双"U"形曲线的特点。当$\phi\approx 2\sqrt{2\lambda u_1}$时，有效动力稳定区的范围十分狭窄；当$\phi<2\sqrt{2\lambda u_1}$时，准三能级激光谐振腔则不再保持有效地运转。考虑实际应用情况：当输入镜聚距晶体距离l_1=1.8cm，输入镜曲率半径R_1=200mm，波长λ=912nm且在有限孔径ϕ=1.5mm的限制下，则稳定区的宽度为0.042cm^{-1}，且对应的最大光斑尺寸值为0.48mm。

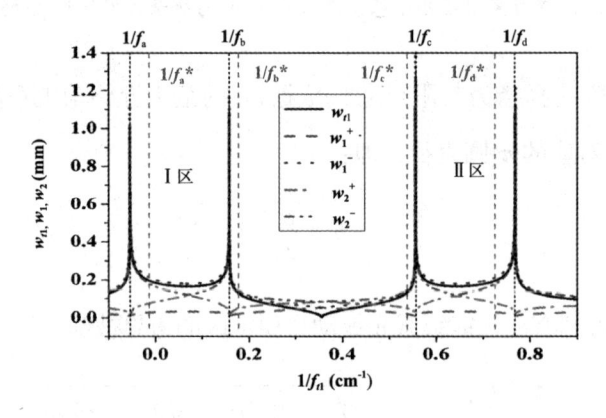

图 3.23 有限孔径下的准三能级激光增益介质基模光斑尺寸ω_{t1}与热动力因子$1/f_{t1}$的关系曲线

根据式（3.77），令$db_t/d(1/f_t)=0$，可得到各"U"形曲线的最小值所对应的热动力因子：

$$\frac{1}{f_I}=\frac{1}{f_0}-\frac{\sqrt{u_1^2-u_2^2}}{2|u_1||u_2|} \quad (3.100)$$

$$\frac{1}{f_{II}}=\frac{1}{f_0}+\frac{\sqrt{u_1^2-u_2^2}}{2|u_1||u_2|} \quad (3.101)$$

3.4.2 双波长激光器的动力稳定腔

利用上一节所确定的"U"型曲线的最低点（即准三能级激光增益介质热动力因子$1/f_{t1}$的最小值）结合腔内泵浦技术的特殊结构，依据其内在关系即可模拟得到腔内四能级激光增益介质基模光斑尺寸ω_{t2}及其热动力因子$1/f_{t2}$的关系曲线，并对双波长激光动力稳定腔的参数选择作进一步数值分析。

在腔内泵浦结构中，将准三能级和四能级激光增益介质分别等效为薄透镜F_{t1}和F_{t2}，随泵浦光功率的增大，其热焦距值f可从∞变化至近10cm。该结构谐振腔的变换圆图解分析如图3.24所示。

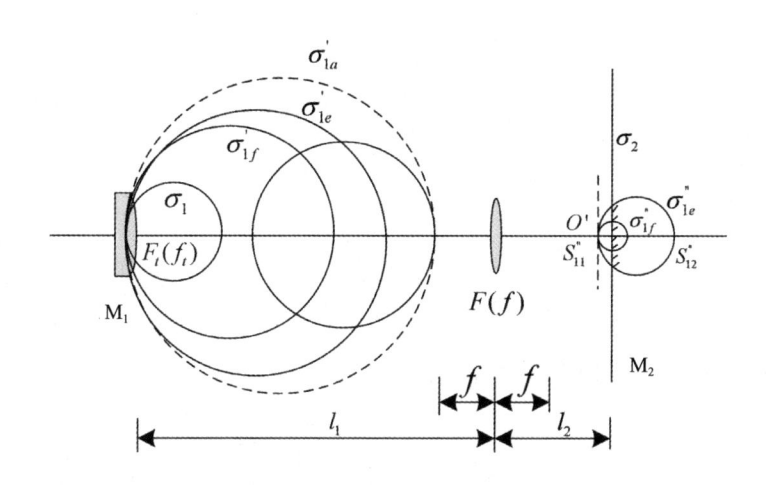

图 3.24 腔内泵浦结构谐振腔的变换圆图解分析

图3.24中，M_1与M_2镜（平面镜）组成的谐振腔被等效为两镜腔，腔内准三能级动力稳定区条件下的焦距值f_t为热透镜F_t的焦距值。σ_1圆的"像"σ_1'圆在经过增益介质以及M_3反射镜后变换为"像"σ_{1a}''圆，σ_1'圆与光轴的相交点S_{12}''位于S_{11}''点的右边，M_2镜位于S_{11}''点的右侧M_2处，根据上

一节中 $f_t > l_1 - f$ 的关系，因此 σ_2 圆与 $\sigma_1^"$ 圆相交，根据模像理论的变换公式：

$$\frac{1}{d} + \frac{1}{d'} = \frac{1}{f} \quad (3.102)$$

$$\frac{1}{d+R} + \frac{1}{d'-R'} = \frac{1}{f} \quad (3.103)$$

其中，与 d' 为"像"波面 R' 与光轴的交点离薄透镜的距离，d 为"物"波面 R 与光轴的交点离薄透镜的距离。因此变换圆 $\sigma_1^"$ 圆与光轴相交点离透镜 F_{t2} 的距离为：

$$S_{11}^" = \frac{fl_1}{l_1 - f} \quad (3.104)$$

$$S_{12}^" = \frac{f_{t1}(l_1 - f_1)}{l_1 - f_{t2} - f} \quad (3.105)$$

获得 M_2 镜与 $S_{11}^"$ 点的距离为：

$$\Delta^+ = \frac{f^2}{2(l_1 - f)} \quad (3.106)$$

此时 M_2 镜的基模光斑尺寸为：

$$\omega_2' = \left[\frac{f^2\lambda}{2\pi(l_1-f)}\sqrt{\frac{-l_1+f+3f_t}{l_1-f-f_t}}\right]^{\frac{1}{2}} \quad (3.107)$$

此时，得到 M_2 腔臂中的侧焦点及束腰参数。

当 M_2 镜位于 $S_{11}^"$ 点右侧且距离该点的距离为 Δ^+ 时，σ_2' 圆与光轴的两个相交点位于透镜 F_{t1} 的左边，距离为：

$$s_{21}' = \frac{1}{3}(2l_1 - f) \quad (3.108)$$

$$s_{22}'' = f \quad (3.109)$$

利用图3.24中的 σ_2' 圆与其变换圆（σ_{1a}'，σ_{1b}'，σ_{1c}'，σ_{1d}'，……）的相交关系，并结合式（3.109）和式（3.110），能够得到 F_{t2} 处的基模光斑尺寸：

$$\omega_t' = \left[\frac{\lambda(l_1-f)f_t}{\pi\sqrt{4(l_1-f)f_t - (l_1-f)^2 - 3f_t^2}} \right]^{\frac{1}{2}} \quad (3.110)$$

此时，即获得 $\omega \sim 1/f_t$ 与 $\omega_t' \sim 1/f_t$ 之间的关系曲线。

以谐振腔稳定运转条件为前提将上述方法进行改进，改进结果如图3.25所示。M_1 镜的传播圆为直径为 R_1 的 σ_1 圆，建立 σ_1 圆与 σ_2 圆 "像" σ_2' 圆相交的几何关系。在腔内泵浦的特殊结构中，腔内四能级激光腔内热动力因子 $1/f_t$ 的数值会随着腔内准三能级激光功率的增强而增大，即四能级激光增益介质的热透镜效应逐渐明显。在热透镜的作用下，σ_2 圆将变换为 σ_2' 圆，且交于热透镜 F_{t2} 处。

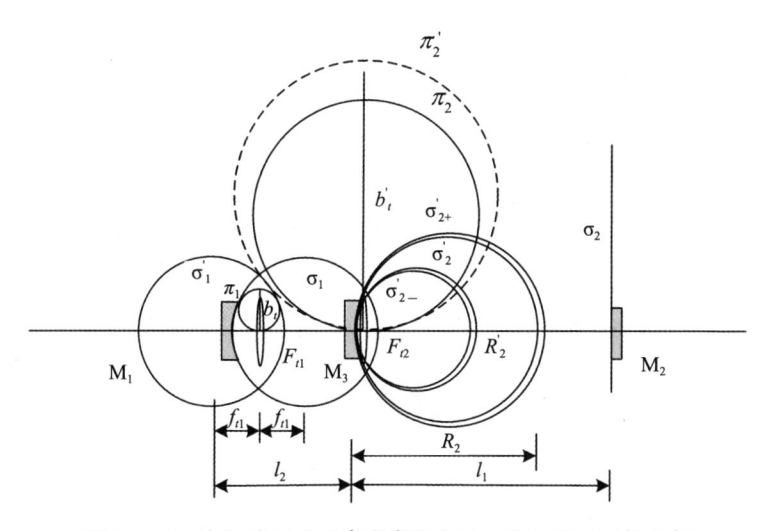

图 3.25 腔内泵浦双波长窄线宽激光动力稳定腔的图解分析

根据图3.25中所示几何关系可以得到四能级增益介质热透镜 F_{t2} 处的基模光束参数为：

$$R_2' = \frac{f_{t1}R_1}{f_{t2}+R_1} \quad (3.111)$$

$$b_t' = \frac{(l_1-f_{t1})R_2'}{\sqrt{4(l_1-f_{t1})R_2' - (l_1-f_{t1})^2 - 3R_2'^2}} \quad (3.112)$$

且四能级激光的基模光斑尺寸为：

$$\omega_{t2} = \sqrt{\frac{b_t'\lambda}{\pi}} \quad (3.113)$$

据此可以得到 ω_{t2} 和 $1/f_{t2}$ 的关系曲线，如图3.26所示。

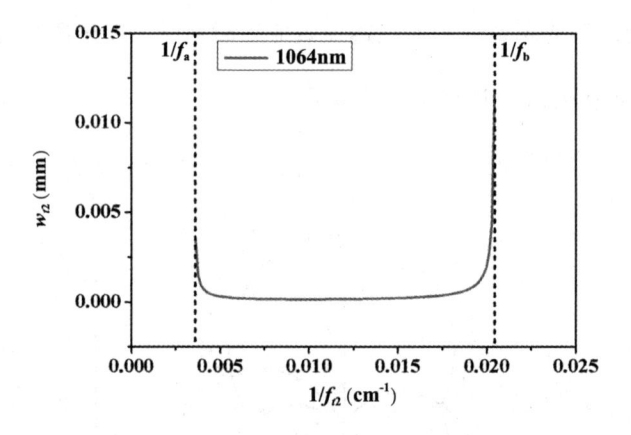

图3.26　基模光斑尺寸 ω_{t2} 与热动力因子 $1/f_{t2}$ 的关系曲线

四能级激光有效动力稳定区的宽度为：

$$\left|\frac{1}{f_b}-\frac{1}{f_a}\right| = \frac{\sqrt{\phi^4-64\lambda^2 u_1^2}}{\phi^2|u_1|}, \quad |u_1|>|u_2| \quad (3.114)$$

由上图可以看出，当 $l_1 = 18\text{mm}$，$f_{t1} = 62.5\text{mm}$，$R_1 = 200\text{mm}$ 时，腔内泵浦结构中四能级激光增益介质的基模光斑尺寸与热动力因子之间的关系曲线呈现"U"型曲线，另一个落在 $1/f_{t2} \to \infty$ 处。由上式可以确定其有效稳定区的宽度大小为：0.019cm^{-1}。由于此状态下的动力稳定区处于低值 $1/f_{t2}$ 的动力状态，因此由热应力所引起的强损耗可以忽略，进而可以提升激光器的运行效率。

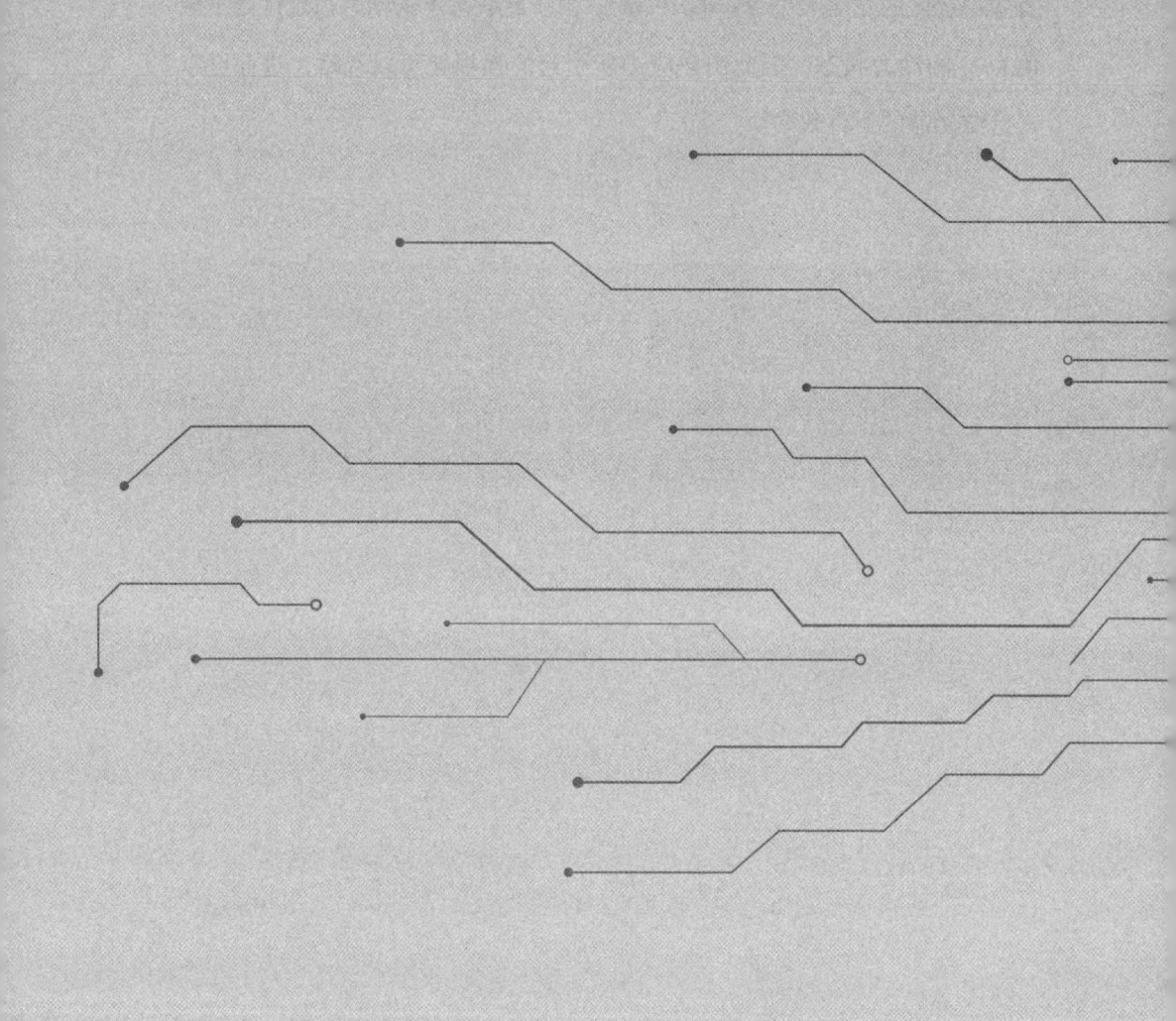

第4章
腔内泵浦双波长窄线宽激光器实验研究

在深入探究了腔内泵浦双波长窄线宽激光器的设计理念和优化参数后，本书作者建立了一个精密的实验平台，以便精确地测试与验证理论研究的成果。这个实验平台不仅为实验提供了一个稳定、可控的环境，而且也为激光性能的进一步优化提供了强有力的支撑。为了实现更窄的谱线宽度，在腔内加入了F-P标准具。通过对F-P标准具竖直角度的精细调整，可以实现精确地控制双波长激光线宽的目的。在双波长激光线宽压缩实验中，使用了0.3mm厚的F-P标准具，并且没有对它进行任何形式的镀膜处理。当F-P标准具的直立式放置角度发生改变时，两条频谱导线的透过率也会相应地变化。这种透过率的变化会对双波长激光的输出功率产生显著影响。通过仔细调整F-P标准具，能够有效地控制和压缩双波长激光的线宽。

在腔内泵浦结构的谐振腔内引入了F-P标准具，这样做不仅有助于实现激光线宽的压缩，而且对于提高激光的谱线质量以及减小激光脉冲宽度也具有极其重要的意义。通过精心设计的实验参数，能够控制激光谱线的形状，使其更加平滑和均匀，以满足更多工业应用的需求。在完成上述步骤之后，采用了来自日本Yokogawa公司的AQ6373型号光谱仪来对双波长激光的线宽变化进行测量。该仪器配备有先进的光谱分析软件，能够提供详细的数据输出，包括每一波长激光的线宽、振幅、相位等关键参数。借助这些数据，我们能够更好地理解激光系统的工作原理，并不断优化实验条件，以期获得最佳的激光性能。

4.1 912nm准三能级激光器的实验研究

第一步需要进行912nm准三能级激光器的实验。如图4.1所示，912nm准三能级激光输出系统组成：全反射镜M_1、Nd:GdVO$_4$激光增益介质、输出镜M_2、泵浦源。其中，泵浦源中心波长为808nm；数值孔径$N_a=0.22$；纤芯直径为200μm；抽运功率0~80W可调；耦合透镜耦合比为1∶1。对泵浦源输出功率进行测量以获得泵浦电流与输出功率的关系（室温为20℃）。如图4.2所示，由功率计所测得的数据可以看出泵浦源输出功率稳定，且具备实现腔内泵浦双波长窄线宽激光稳定输出的实验条件。

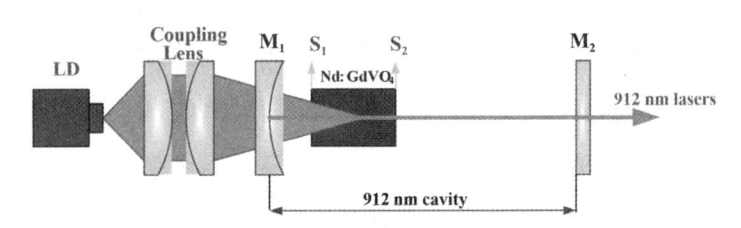

图 4.1　912nm 准三能级激光器的实验装置图

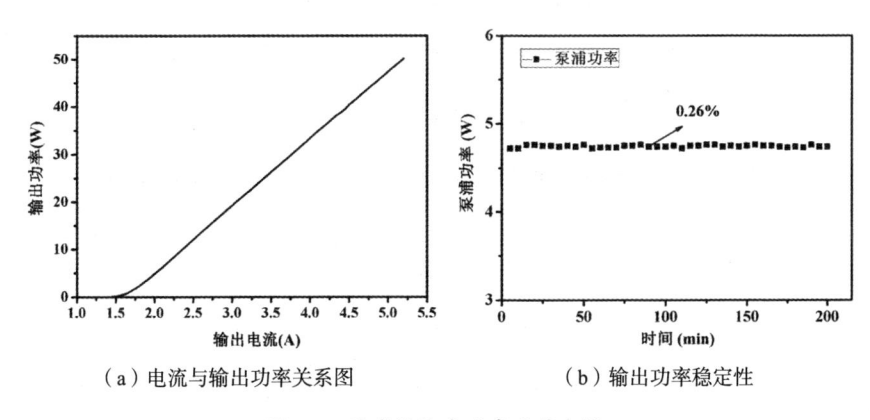

（a）电流与输出功率关系图　　　　（b）输出功率稳定性

图 4.2　泵浦源输出功率及稳定性

耦合系统主要功能是将泵浦光束有效地整形并引导至增益介质，以提高光学耦合效率至95%。耦合系由四片透镜组成，该透镜组的焦距设定为47.5mm。利用光束质量分析仪对泵浦源在最高功率下的焦点光斑进行测量，获得焦点位置的能量分布情况，如图4.3所示。

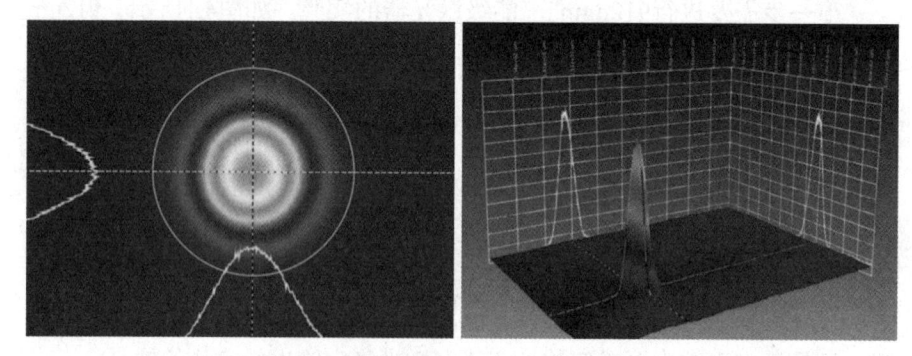

图4.3 泵浦光焦点位置的能量分布图

在表4.1中列出了激光增益介质Nd:GdVO$_4$的尺寸大小、薄膜系统和掺杂浓度。采用较低的掺杂浓度和尺寸较小的增益介质，可以有效地避开热效应和准三能级激光的再吸收效应，进一步提升其转换效率，为实现腔内抽运的双波长窄线宽激光输出奠定基础。在此基础上构建准三能级激光器，得到912nm准三能级激光器的输出功率曲线（由808nm泵浦），进一步提高抽运功率，突破其输出阈值（9.6W），在31W的情况下，实现了2.02W的912nm准三能级激光器的稳定输出。

表4.1 激光增益介质Nd:GdVO$_4$的尺寸、膜系以及掺杂浓度

晶体名称	尺寸	Nd^{3+}掺杂浓度	S_1前表面膜系	S_2后表面膜系
Nd:GdVO$_4$	$3\times3\times6$mm^3	0.1 at.%	HT:808nm AR:912nm&1064nm （R<0.2%）	AR:912nm&1064nm （R<0.2%）

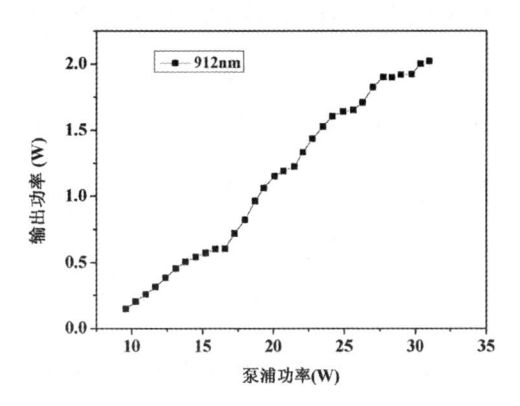

图 4.4 912nm 准三能级激光输出功率曲线

根据稳功率热稳腔的运转条件以及热动力因子的变化关系，得到准三能级激光谐振腔输出功率的表达式：

$$P_{1\text{out}} \propto \frac{G}{\alpha + \alpha_0} - 1 \quad (4.1)$$

式中，G 为单程增益；α 为激光介质有限孔径限制所引起的衍射损耗；α_0 为输出耦合及激光介质吸收、散射等引起的损耗，近似为常数且不随 $1/f_{t1}$ 变化。根据式（4.1）可知，增益与衍射损耗对激光的输出功率存在相反作用。谐振腔热动力因子 $1/f_{t1}$ 的变化正比于泵浦光注入功率的变化，当准三能级激光谐振腔运转在稳功率热动力状态时，ω_{t1} 对热扰不敏感，激光的输出稳定性也会有所改善，且光束质量较好。

在深入分析图4.5的同时可以清晰地看到，在实现了腔内泵浦双波长激光的稳定输出之后，通过移除四能级激光增益介质，获得了更加精确的 Nd:GdVO$_4$ 增益介质中准三能级激光输出功率的变化曲线与 ω_{t1} 和 $1/f_{t1}$ 的对应关系。具体来看，当泵浦功率达到26.99W时，准三能级激光的输出功率便开始出现下降趋势，这一趋势体现为从1.92W降至1.767W，表明了激光功率在短时间内经历了显著的降低。进一步观察，当泵浦功率提升到

27.71W时，准三能级激光的输出功率稳定在1.648W。随后，当功率提高到28.31W时，输出功率也维持在1.782W，显示出较好的稳定性和控制能力。最终，当泵浦功率为28.95W时，准三能级激光输出功率再次攀升，达到1.945W，这表明准三能级激光谐振腔成功进入了第Ⅰ动力稳定区，此时激光器工作状态良好。值得注意的是，随着泵浦功率的持续增强，准三能级激光谐振腔进入了第Ⅱ动力稳定区。在此阶段，输出功率会经历先下降再上升的波动过程。例如，当泵浦功率为33.9W时，准三能级激光的输出功率由3W逐步下降到2.812W，反映出在这一过程中能量转换效率的变化。继续增加泵浦功率，直至达到34.42W时，准三能级激光的输出功率又回升至2.864W，显示了功率输出在一定范围内的往复波动。最后，当泵浦功率为35.17W时，输出功率呈现上升趋势，达到了3.062W，表明激光系统在满足一定条件下能够实现更高的能量输出。这些观察结果对于理解和优化激光放大器的性能具有重要意义。它不仅帮助人们了解不同泵浦功率对激光输出特性的影响，而且也为设计更高效、更可靠的激光光源提供了宝贵的数据支持。

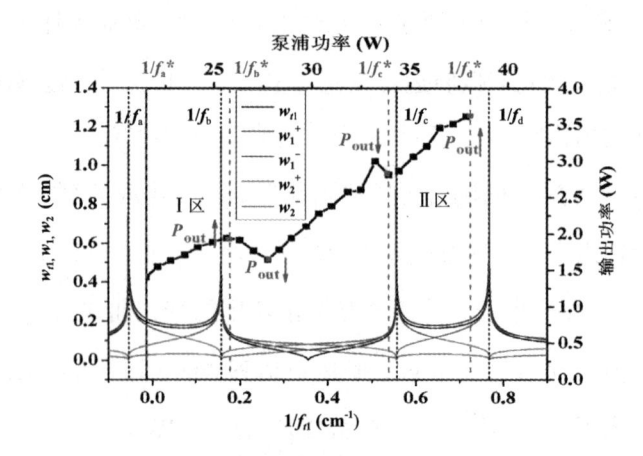

图 4.5 准三能级激光输入/输出功率变化与 ω_{t1} 和 $1/f_{t1}$ 的关系曲线

在深入分析图4.5之后，可以清晰地看到：在特定的稳定区（Ⅰ稳区和Ⅱ稳区）内，当泵浦光的注入功率逐渐增加时，谐振腔内部的热动力因子也随之从一个较低的水平上升到更高的水平。这种变化直接反映了准三能级激光增益介质中基模光斑尺寸的减小现象，这是由于有限孔径效应导致的衍射损耗大幅度降低。基于谐振腔的稳功率运转条件，激光介质的增益增加与衍射损耗的减少量是同步发生的。当激光介质的增益大于或超过衍射损耗值时，准三能级激光的输出功率将会呈现明显的增长趋势，其输出功率开始从零迅速攀升至一个较高的数值。随着泵浦功率的不断增加，$1/f_{t1}$ 进入有效热动力稳定区，在这个阶段，增益介质的有限孔径已经足以允许形成低衍射损耗的激光振荡。由于激光输出功率与增益介质的增益之间存在正比例关系，所以 P_{1out} 值随着 G 值的增加而线性增长。然而，当 $1/f_{t1}$ 值接近有效动力稳定区的最高点附近，ω_{t1} 值迅速上升。当 $1/f_{t1}$ 值超过增益介质的有限孔径所能容纳的最大限度时，衍射损耗的增加量将急剧上升，导致准三能级激光输出功率的增长速度放缓，并最终转向下降。一旦增益等于总的损耗量，输出功率便会降至零以下。在此之前，输出功率曲线的峰值出现在两个有效热动力稳定区的最高端边界附近，表明此时增益介质的增益正好等于衍射损耗。当谐振腔运行在Ⅰ稳区和Ⅱ稳区这两个不同的热动力状态下时，准三能级激光的输出功率会出现峰值，且在输出功率曲线相对平坦的区域内受到的热扰动影响最为轻微。在这种情况下，准三能级激光谐振腔能够满足稳功率热稳腔的运转条件，并且准三能级激光的实验结果（特别是稳区内的输出功率变化）能够与之前章节设计出的准三能级激光谐振腔稳区实验结果保持良好的一致性。

总结来说，通过对图4.5的仔细观察和分析，理解了在不同稳定区内准三能级激光输出功率随泵浦功率变化的动态过程，而且发现了该激光系统在实现稳功率热稳腔运转条件方面的关键特性。这些结果为进一步优化和改进准三能级激光谐振腔提供了重要的理论依据和实验指导。

4.2 腔内泵浦双波长激光器的实验研究

在保持912nm激光实验系统稳定的基础上，将Nd:YVO$_4$四能级激光增益介质加入腔中。腔内四能级激光器由Nd:YVO$_4$和耦合输出反射镜M$_2$构成。M$_3$全反射镜用以弥补因前表面镀膜工艺缺陷而引起的反射率偏低的问题。两片激光晶体都包覆0.05mm厚的铟箔，置于微流道铜热沉内，在室温19℃、水冷温度12.9℃条件下进行实验。

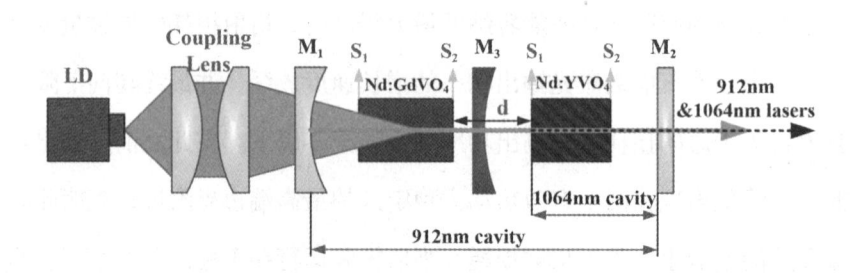

图 4.6 腔内泵浦双波长激光器的实验装置图

在激光技术领域，四能级激光增益介质Nd:YVO$_4$因其卓越的性能而备受推崇。这种材料在1064nm波段展现出了优异的受激发射能力，其发射截面比Nd:YAG增益介质大五倍之多，这一特性显著增强了激光输出的功率和效率。此外，在808nm波段附近，Nd:YVO$_4$也表现出了更为出色的吸收特性，其吸收系数较高，吸收带宽度更宽，这意味着它能够吸收更广泛的光谱范围内的光能量，从而提供了一个更为宽广的激光应用场景。这些优势使得Nd:YVO$_4$成为一种理想的低阈值激光增益介质，因为它能将输入功率直接转换为可产生高强度激光的信号输出。同时，它的高效率意味着在相同的增益条件下更少的光耗散量，这对于提高系统的整体性能至关重要。在实际应用中，实验中所使用的Nd:GdVO$_4$与Nd:YVO$_4$增益介质都展示出了令人印象深刻的吸收谱线图，例如图4.7中所示，这些图谱清晰地揭示了它们独特的光学特性和增益性能。

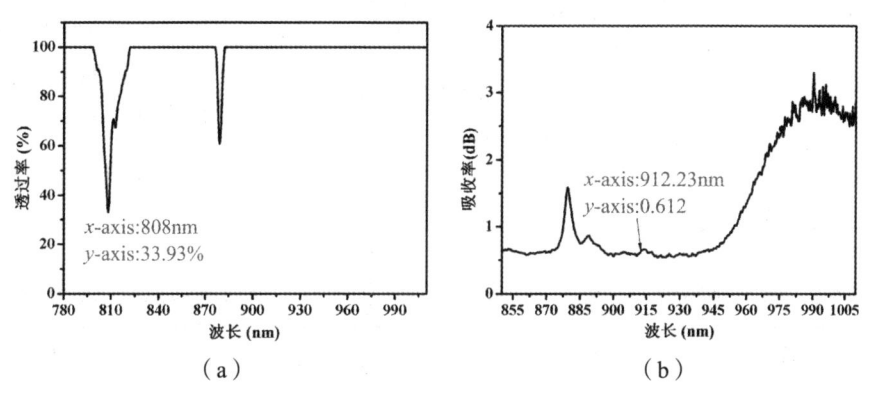

图 4.7 增益介质 Nd:GdVO$_4$ 和 Nd:YVO$_4$ 的透过率谱线和吸收率谱线
（a）Nd:GdVO$_4$ 增益介质的透过率谱线图；（b）Nd:YVO$_4$ 增益介质的吸收率谱线图

在进行精密的光谱分析时，利用分光计（Aurora 4000）所测得的精确的测试数据，可以深入了解各种激光系统中激光增益介质的性能表现。测试结果表明，当使用Nd:GdVO$_4$作为增益介质时，808nm波段的透过率仅为33.93%，而吸收率则高达66.07%。对于Nd:YVO$_4$介质而言，情况则大不相同。它对于912nm波段的吸收率相对较低，仅为0.612dB。这一显著差异表明不同材料对特定波长光的衰减能力存在明显差别。这些实验数据为优化激光器设计提供了重要参考。

在实验中，为了实现预期的光学性能，精心选择了腔镜的规格类型以及相应的镀膜技术。具体的腔镜规格和膜系信息详细列于表4.2之中，供研究者查阅。此外，激光增益介质Nd:GdVO$_4$和Nd:YVO$_4$的物理参数，包括它们的尺寸大小、表面镀膜系以及掺杂浓度等，均收录于表4.3中，以便对材料特性有一个全面的掌握。

表4.2　腔镜规格类型及所镀膜系

腔镜名称	类型	曲率半径 R	S$_1$ 前表面膜系	S$_2$ 后表面膜系
M1 输入镜	平 - 凹	−200	HT：808nm&1064nm（$T>95\%$）	HR:912nm, HT:808nm&1064nm
M2 输出镜	平 - 平	+∞	AR:912nm&1064nm	912nm,$T=1.76\%$ 1064nm,$T=2.7\%$
M3 全反镜	平 - 凹	-200	HR:1064nm（$R>99.8\%$） AR:912nm	—

表4.3　激光增益介质Nd:GdVO$_4$和Nd:YVO$_4$的尺寸、所镀膜系以及掺杂浓度

晶体名称	尺寸	Nd^{3+} 掺杂浓度	S$_1$ 前表面膜系	S$_2$ 后表面膜系
Nd:GdVO$_4$	3mm × 3mm × 6mm	0.1 at.%	HT:808nm AR:912nm&1064nm（$R<0.2\%$）	AR:912nm&1064nm（$R<0.2\%$）
Nd:YVO$_4$	3mm × 3mm × 5mm	0.5 at.%	HT:912nm（$T>98\%$） HR:1064nm（$R>99.8\%$）	AR:912nm&1064nm（$R<0.2\%$）

在先进的腔内泵浦双波长激光系统中，设计了一种特殊的激光谐振腔型，即四能级嵌套在准三能级的谐振腔中。这种结构不仅提高了激光波长转换效率，而且由于两个能级之间存在能量转移，使得四能级激光的输出功率呈现出与准三能级激光输出功率一致变化的趋势。随着系统工作到稳定状态，即双波长激光输出达到预期稳定水平后，对输出的准三能级激光进行滤波。观察并记录Nd:YVO$_4$增益介质在吸收来自准三能级激光腔内泵浦功率之后，四能级激光输出功率发生的变化情况。通过精确测量和分析

这些数据，最终绘制出了一条能够准确反映四能级激光输出功率变化关系的曲线，如图4.8所示。

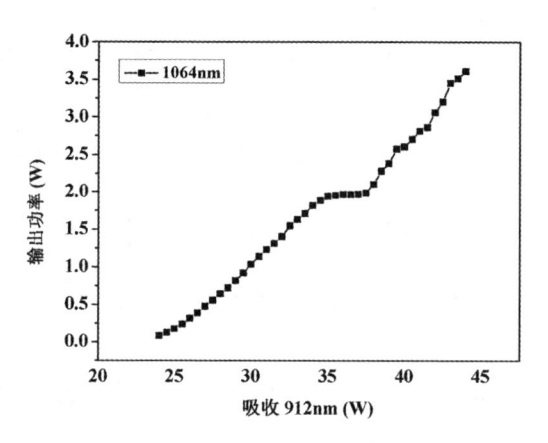

图 4.8　Nd:YVO$_4$吸收腔内准三能级的输入/输出功率实验曲线

在腔内泵浦双波长激光系统中，Nd:YVO$_4$增益介质吸收腔内准三能级输出功率与ω_t和$1/f_{t2}$的对应关系曲线如图4.9所示。在进一步的分析中可以看到，四能级激光谐振腔内部所需的泵浦能量是由准三能级激光来提供的。随着腔内的准三能级激光功率逐渐增加，对应的四能级激光的输出功率也呈现了一种相对稳定的增长趋势。具体来说，当准三能级激光腔内的功率达到35W时，四能级激光的输出功率就达到了1.941W，而在功率35.5W状态下，输出功率更是达到了1.956W。这表明，随着准三能级激光功率的不断提升，四能级激光的输出效率也随之提高。然而，值得注意的是，尽管准三能级激光的功率持续增加，四能级激光的输出功率增长速度却显得较为缓慢，这可能是由于激光系统内部的热效应和其他非线性因素造成的影响。例如，当准三能级腔内的功率为36W、36.5W、37W、37.5W时，相应的四能级激光输出功率分别为1.967W、1.966W、1.972W和1.988W。这些数据揭示了一个有趣的现象：在一定的功率范围内（如

36W至37.5W之间），四能级激光的输出功率会经历一个缓慢上升的过程。

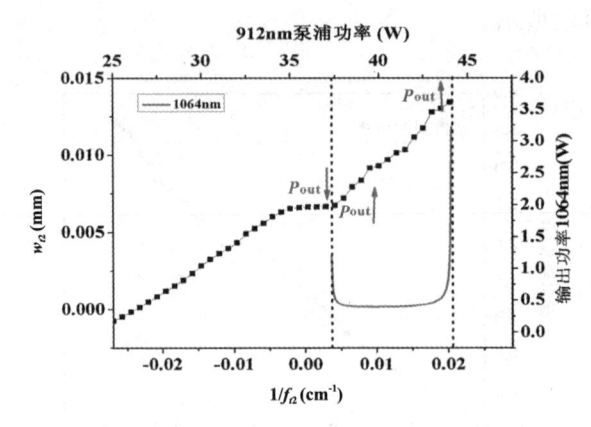

图 4.9 Nd:YVO$_4$ 增益介质吸收腔内准三能级激光输出功率与 ω_{t2} 和 $1/f_{t2}$ 的关系曲线

更为关键的是，当准三能级激光腔内的功率达到38W时，四能级激光的输出功率开始呈现出快速上升的趋势，并且很快就进入了第Ⅰ稳区。这一稳区的存在对于保持激光光束的稳定性和高质量输出至关重要。而当功率达到44W时，四能级激光的输出功率出现明显的下降，甚至不再产生激光信号。此时，谐振腔已经处于第Ⅱ稳区，意味着激光光束的稳定性较低。

通过以上分析可以得出结论，四能级激光谐振腔能够在特定的功率范围内维持稳定的运转状态。这不仅说明了该谐振腔的设计和构建在很大程度上满足了稳功率热稳腔的要求，同时也证实了在稳区内观察到的实验结果与之前章节设计的稳态光谱结果有着非常好的一致性。

为了确保在实验过程中，808nm泵浦光不会导致四能级Nd:YVO$_4$增益介质发生受激辐射现象，对腔内泵浦双波长激光的输出性能产生不利影响，首先，在测量过程中，保持912nm准三能级激光谐振腔的基本条件基本不变；接下来，引入了全反射镜M3以及Nd:YVO$_4$增益介质，并将其放置在四能级激光谐振腔中准三能级激光的束腰位置。此时的两块增益介质之间的距离被设定为10mm，这样做既可以确保Nd:YVO$_4$增益介质不会因距离过近而受到来自其他能级的激光辐射干扰，又能确保两种增益介质间有足够的空间来实现良好的束腰效应。当912nm激光在Nd:YVO$_4$增益介质中形成大而明亮的光柱时，即可确认Nd:YVO$_4$增益介质已经成功吸收了腔内Nd:GdVO$_4$增益介质所产生的912nm激光。Nd:YVO$_4$材料具有较强的激光吸收特性，因此它能够有效地减少外部能量向腔内传递，进而防止了不必要的功率损失。

在加入M_3四能级全反射镜后，912nm激光的输出功率出现了轻微的减小趋势，如图4.10所示。具体来说，当泵浦功率设置为28.3W时，912nm激光的输出功率仅为0.76W。这个数据表明，虽然M_3全反射镜引起的准三能级激光输出功率减小，但这并不会对后续实现腔内泵浦双波长窄线宽激光的输出性能造成负面影响。实际上，这种输出功率上的变化可能是由于全反射镜所引入的一些机械应力，或者是由于更复杂的光学耦合效应等因素所致。尽管如此，这些变化是在可控范围内的，而且通过适当的调整和优化，可以恢复或改善激光器的输出特性。

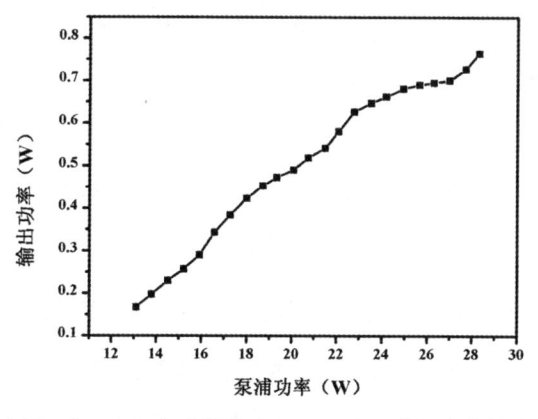

图 4.10 加入 M_3 全反射镜后 912nm 准三能级激光输出功率

通过高分辨率可见光光谱分析仪AQ6373（Yokogawa Electric Corp，Tokyo Janpan）测得腔内泵浦双波长激光同时输出光谱图，如图4.11所示。

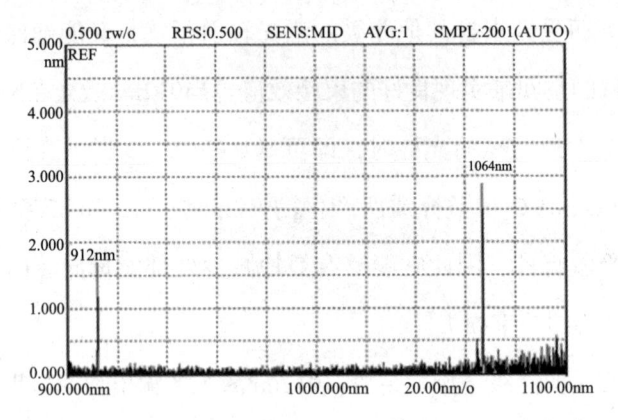

图 4.11 使用光谱仪测得的双波长激光同时稳定输出光谱图

如图4.12所示，在精心设计的腔内泵浦系统中，双波长激光得以稳定输出。通过精确控制泵浦功率的大小，能够观察到激光振荡的行为和过程。当泵浦功率远低于17W，即在一个相对较低的水平时，腔内的准三能级激光展现出了独立的振荡能力。这种情况下，由于准三能级激光的功率尚未触及四能级激光所需达到的振荡阈值，所以准三能级激光成了第一个开始发生振荡的激光能级。随着泵浦功率逐渐增加至17W，准三能级激光的输出功率也相应提升至0.1W，这一数值恰好接近于腔内四能级激光所需达到的振荡阈值。当这一阈值被满足后，四能级激光随即启动振荡，这表明两种不同能级的激光能够共同存在并相互竞争与协作。然而，当泵浦功率进一步上升至38.8W时，结果更为显著。此时，研究团队获得了高达3.6W的双波长激光输出，其中912nm波长的准三能级激光输出功率为1.4W；而1064nm波长的四能级激光则以2.2W的输出功率紧随其后。值得一提的是，这一双波长激光的光—光转换效率表现出色，达到了9.3%，显示出其高效的能量转换能力。此外，斜效率也非常高，达到了17.1%，

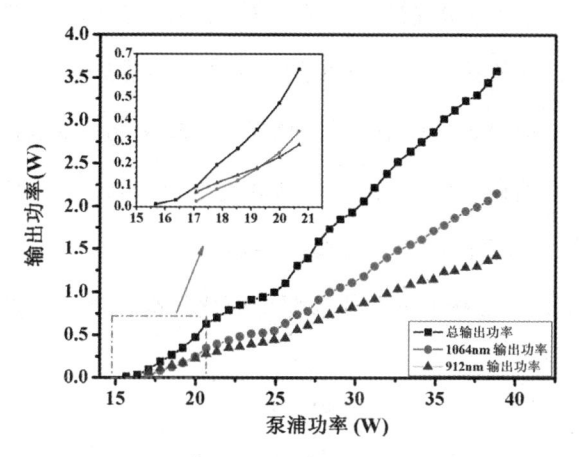

这意味着激光系统在进行偏振转换时有着极佳的效率。

图 4.12 腔内泵浦双波长激光输出功率示意图

当泵浦功率提升至30W时，通过精密的光束质量测量仪（型号：BGS&M2 GRAS-2），捕捉到了一系列关于双波长激光光束形态的光斑图像。如图4.13所示，可以清晰地观察到，在这个特定的实验条件下得到的双波长激光光斑具有近似于高斯分布的横模分布，并且分布的对称性表现得相当出色。波长分别位于912nm和1064nm的两种激光的光束质量因子M^2数值分别为1.35和1.28，这一数据明确地表明了腔内泵浦技术能够有效

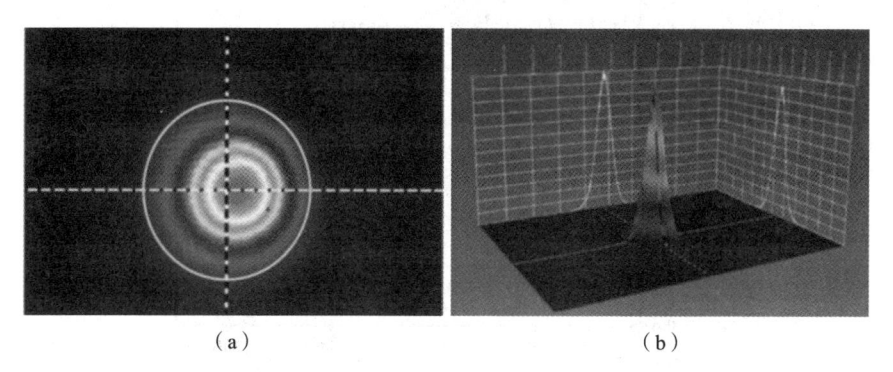

（a）　　　　　　　　　　（b）

图 4.13　912nm 和 1064nm 双波长激光输出光斑示意图
（a）二维；（b）三维

地将高质量的光束输出。

在对27.7W的泵浦源进行测量时,详细记录其输出功率随时间变化的情况。特别是,在长达200分钟的实验周期内,每隔5分钟便会记录数据一次。这一系列的数据记录构成了图4.14展示的输出功率的波动情况,从中可以清晰地观察到在整个测试期间,无论是在泵浦状态还是在不同的腔体条件下,激光的功率都经历着细微而稳定的波动。这种波动反映了激光系统的动态特性,以及它对于外部环境变化的响应能力。具体计算公式如下:

$$\frac{\Delta P}{\overline{P}} = \sqrt{\frac{\sum_{i=1}^{n}(P_i - \overline{P})^2}{n-1}} \cdot \frac{1}{\overline{P}} \quad (4.2)$$

式中,n为样品数量,P_i为样品输出功率,$\overline{P}$为输出功率平均值。从所展示的图表中可以清晰地观察到,两束激光的输出功率表现出了明显的波动特性。具体而言,每束激光的功率波动分别达到了1.62%和2.18%,这一波动幅度在激光技术领域通常被认为是相当显著的。然而,将视线转向总输出功率与泵浦功率的情况时,两者的波动水平则显得更为温和,分别

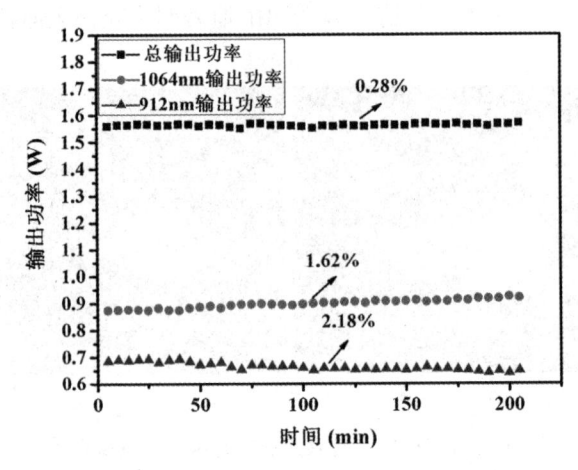

图 4.14 双波长激光器输出功率的波动示意图

仅为0.28%和0.26%。通过细致的分析可以发现，两束激光在输出功率方面呈现出了相反的变化趋势。一方面，有一束激光的输出功率呈上升趋势，而另一束激光则相应地呈现出下降趋势；另一方面，这种输出功率的变化并不会对整体系统造成太大影响，因为尽管存在一定的波动，但总体上，两种波长激光的功率波动都被控制得很小。整个双波长激光系统的平均输出功率波动为7.1mW，而912nm和1064nm激光的平均波动分别约为14.7mW和14.5mW，这进一步验证了系统的相对的稳定性。

通过以下理论对此现象进行解释，将912nm准三能级激光的输出功率定义为：

$$P_p \cdot \eta_1 \cdot \eta_2 = P_{0-912} \text{ 或 } P_{in-912} \cdot T_1 = P_{0-912} \quad (4.3)$$

η_1为Nd:GdVO$_4$增益介质对于泵浦光808nm波段的吸收效率，η_2为912nm激光对于808nm波段泵浦光的转换效率，P_{0-912}为912nm激光输出功率，P_{in-912}为912nm激光腔内功率，T_1为912nm激光的透过率。

四能级激光输出功率可定义为：

$$P_{in-912} \cdot \eta_3 \cdot \eta_4 = P_{0-1064} \quad (4.4)$$

η_3为Nd:YVO$_4$增益介质对于腔内912nm激光的吸收效率，η_4为1064nm激光对于912nm激光的转换效率，P_{0-1064}为1064nm激光输出功率。结合式（4.3）和式（4.4），可得：

$$\frac{P_p \cdot \eta_1 \cdot \eta_2}{T_1} \eta_3 \cdot \eta_4 = P_{0-1064} \quad (4.5)$$

由式（4.5）可得：

$$P_P \left(\frac{\eta_1 \eta_3}{T_1} \right) \eta_2 \eta_4 = P_{0-1064} \quad (4.6)$$

由此关系可知，912nm激光透过率T_1升高导致四能级激光输出功率

P_{0-1064} 减小（即：T_1 升高，P_{0-1064} 降低，P_{0-912} 增加，进而导致 P_{in-912} 减小，进而导致 P_{0-1064} 减小）导致四能级激光输出功率 P_{0-1064} 减小。当 P_{0-1064}、P_p、h_1、h_2 以及 T_1 均为常数且在双波长激光输出稳定后，η_2 和 η_4 成反比例关系。这表明，在实现双波长激光稳定输出的前提下，912nm准三能级激光输出功率与1064nm四能级激光输出功率之间存在较微弱的竞争关系。相比于单一增益介质实现双波长激光输出的方式，腔内泵浦双波长激光输出功率所产生的竞争关系，就显得十分微弱，且可忽略不计。

通过仔细观察图4.15所示的腔内泵浦双波长激光系统的理论与实验结果之间的对比图，可以清晰地看到两种结果之间存在的细微差异。这些误差是合理且在可接受的范围内的。这种误差主要源于理论模型与实验条件的不完全匹配，以及由于实验环境的复杂性而导致的不确定性。进一步分析腔内两束激光产生的反转粒子数密度的变化，可以发现随着四能级激光输出功率的提升，反转粒子的密度也相应地增加了。这表明激光系统对能量的吸收和转换效率有所提高，同时也说明了准三能级激光功率的增长对于系统性能的积极影响。

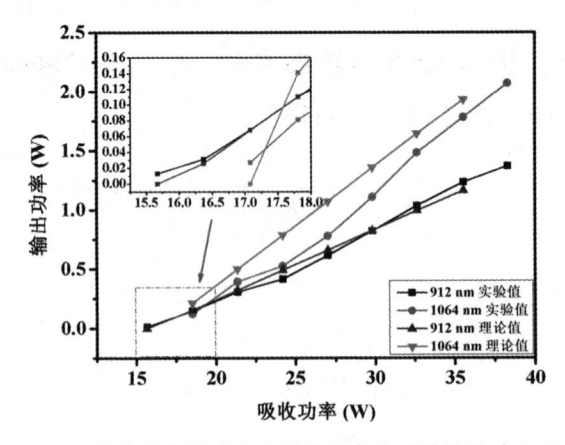

图 4.15 双波长激光器的理论结果和实验测量结果对比示意图

更为重要的是，实验结果与理论计算结果的一致性非常显著。它们不仅证实了理论预测的准确性，而且展示了在整个实验过程中，并没有发生任何一个波长的激光输出功率过强以至于抑制了另一个波长输出激光的情况。这意味着在设计和运行双波长激光系统时，能够有效避免因增益竞争而产生的不稳定性问题。这为未来设计更加稳定、高效的光学系统提供了有力的依据。

4.3
腔内泵浦双波长窄线宽激光器的实验研究

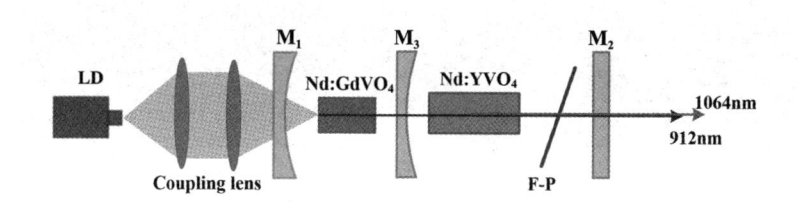

图 4.16 腔内泵浦双波长窄线宽激光器实验装置图

为了提高不同波长激光线宽的测量的精确性，以及进一步验证所选技术方案的有效性，采用0.02nm分辨率的可见光波长频谱分析仪AQ6373（Yokogawa Electric Corp., Tokyo, Japan），用以测量两束波长的线宽变化。未加入F-P标准具之前，已经测得912nm和1064nm两种波长激光的线宽，其结果如图4.17所示。当F-P标准具被竖直放置并调整至不同的角度时，如0°、5°、10°、15°、20°，每一个角度的变化都会影响到激光束经过标准具后的线宽变化，且线宽发生了显著的压缩现象，这种压缩效果可以从图4.18和图4.19的图像中清晰地观察到。

（a） （b）

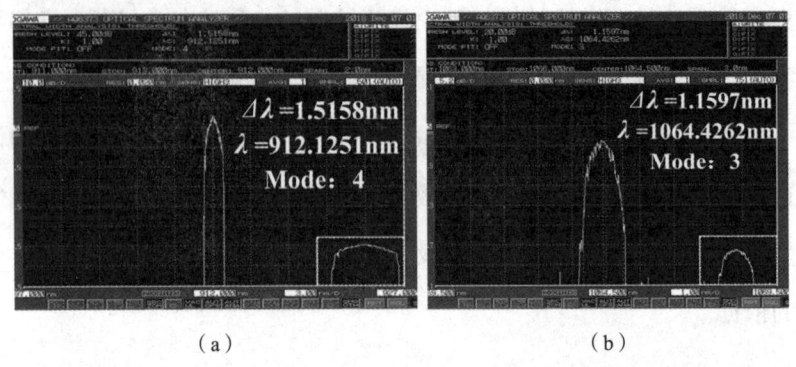

图 4.17 腔内未引入 F-P 标准具时 912nm 和 1064nm 激光的线宽测试图
（a）912nm 激光线宽；（b）1064nm 激光线宽

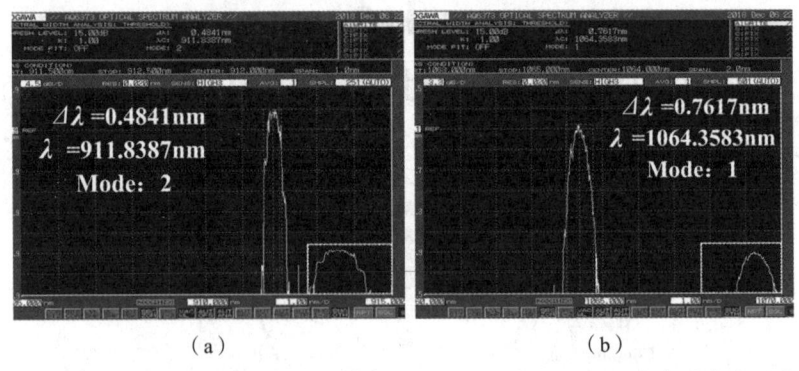

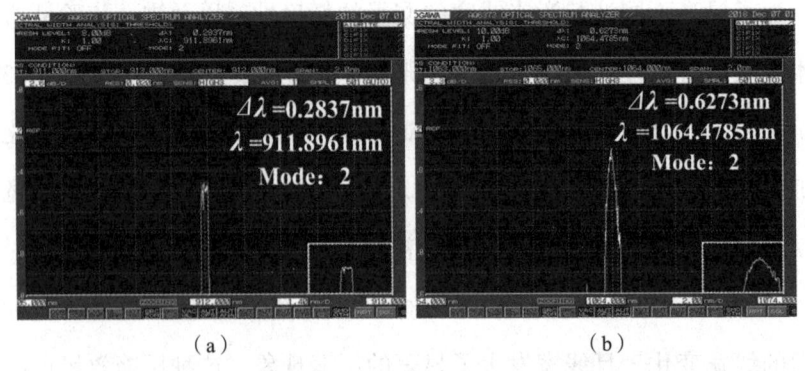

（a） （b）

图 4.18 腔内 F-P 标准具竖直放置角度为 0° 时 912nm 和 1064nm 激光的线宽测试图
（a）912nm 激光线宽；（b）1064nm 激光线宽

（a） （b）

图 4.19 腔内 F-P 标准具竖直放置角度为 15° 时 912nm 和 1064nm 激光的线宽测试图
（a）912nm 激光线宽；（b）1064nm 激光线宽

从图4.17中可以看出，在未加入标准具前测量得到912nm和1064nm双波长激光的FWHM值分别为1.52nm和1.16nm，且对应的纵模数量分别为4和3。当F-P标准具竖直放置角度为15°时，获得了两束波长线宽的最小值，分别为0.284nm和0.627nm，纵模个数均为2。如图4.20所示，当F-P标准具竖直放置为15°时，测得腔内泵浦双波长窄线宽激光的光斑示意图。

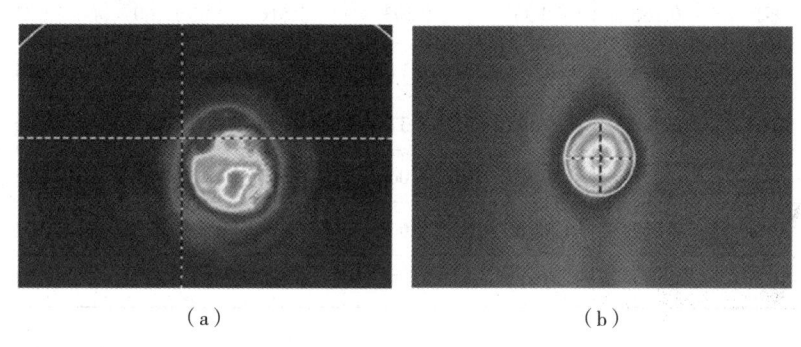

图 4.20　F-P 标准具竖直放置为 15° 时双波长激光的光斑示意图
（a）912 nm 激光光斑示意图；（b）1064 nm 激光光斑示意图

随F-P标准具竖直放置角度的调整，对应两束激光的输出功率以及线宽也发生了相应的变化。当泵浦功率为32.48W时，测量得到随F-P标准具竖直放置角度变化对应两束激光的输出功率以及线宽值如图4.21以及表4.4所示。

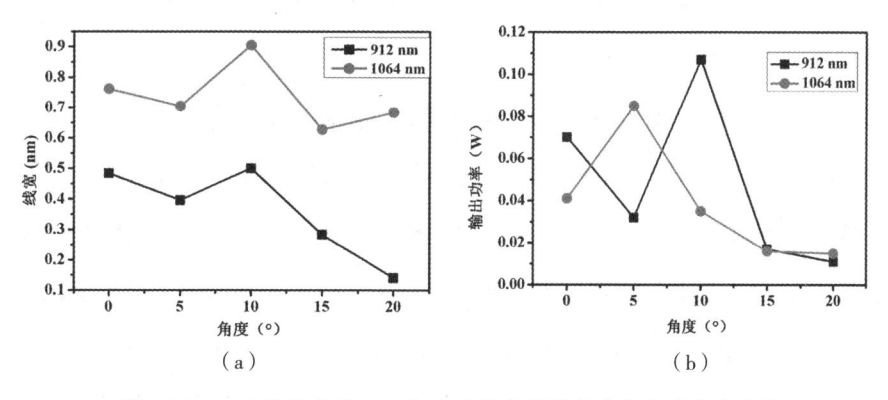

图 4.21　双波长激光随 F-P 标准具竖直放置角度变化对应线宽值以及输出功率的变化曲线
（a）912nm 和 1064nm 的线宽值；（b）912nm 和 1064nm 的输出功率

表4.4 随F-P标准具竖直放置角度变化对应双波长窄线宽激光的输出功率和线宽值

α(°)	输出功率（W）			谱线宽度（nm）		
	912 nm	1064nm	912nm/1064nm	912 nm	1064nm	912nm/1064nm
无 F-P	0.166	0.33	0.503	1.516	1.160	1.31
0	0.070	0.041	1.71	0.484	0.762	0.64
5	0.032	0.085	0.37	0.396	0.705	0.56
10	0.107	0.035	3.06	0.501	0.905	0.55
15	0.017	0.016	1.06	0.284	0.627	0.61
20	0.011	0.015	0.73	0.141	0.684	0.21

在引入F-P标准具之后，我们观察到了两种不同类型的激光器在线宽比上的变化不大，但输出功率比却有显著的增加。这种差异背后的原因可以归结于一个关键因素：在这两类激光器中，它们均使用了掺杂Nd^{3+}晶体作为工作介质。而F-P标准具通过其独特的结构设计，实际上在对Nd^{3+}的波谱宽度进行压缩，从而影响了两束激光的线宽变化。这样的设计使得两束波长的线宽变化具有很好的一致性和可预测性。

具体来看912nm和1064nm的两束激光，随着F-P标准具的角度变化，它们的功率比表现出以下几个不同的角度：1.71、0.37、3.06、1.06以及0.73。这些角度指示了激光束的方向性和强度分布，也揭示了它们在物理特性上的细微差别。特别值得注意的是，四能级激光器的输出功率变化大于准三能级激光器的输出功率变化。例如，在912nm和1064nm波段，四能级激光的输出功率分别降低了35%和89%，四能级系统的功率减少量几乎是准三能级激光系统的两倍。这种输出功率的大幅下降并非偶然现象，而是由多种因素共同作用的结果。其中最主要的一个原因是F-P标准具在不同模式之间产生的谐振腔损耗。当焦点位于中心模式时，损耗达到最小，而其他模式则通过振荡放大被有效滤除。这意味着，尽管整体的腔内损耗可能增加，但只有那些偏离中心模式的模式会引起功率下降。

在腔内泵浦技术的支持下，双波长激光系统实现了一种高效的能量传输机制。在这种系统中，四能级激光晶体的腔内泵浦能量是由准三能级激光所提供的腔内功率所驱动。随着准三能级激光器腔内损耗的逐渐增大，其所提供的腔内泵浦功率也相应地减少。这样一来，就导致了四能级光腔内泵浦功率的降低，最终导致四能级激光的输出功率也随之降低。因此，四能级激光器输出功率下降速度快于预期的主要原因之一是四能级激光腔内损耗的增加，另外，腔内准三能级激光提供的泵浦功率降低也是不可忽视的因素。

基于上述分析可以得出结论，当F-P标准具角度发生微小变化时，四能级激光器的输出功率变化要高于准三能级激光器，并且腔内光子的总数也较高。从这个角度来看，结合腔内泵浦技术和F-P标准具线宽压缩技术，可以实现一种新型的腔内泵浦双波长窄线宽激光输出。此外，它还能实现两束激光功率比的精确调节，以适应不同的应用需求。当输出功率比设置为1时，非常适用于制造腔内相干频率变换激光器，这对于需要高精度控制光束方向性和强度分布的应用尤其重要。

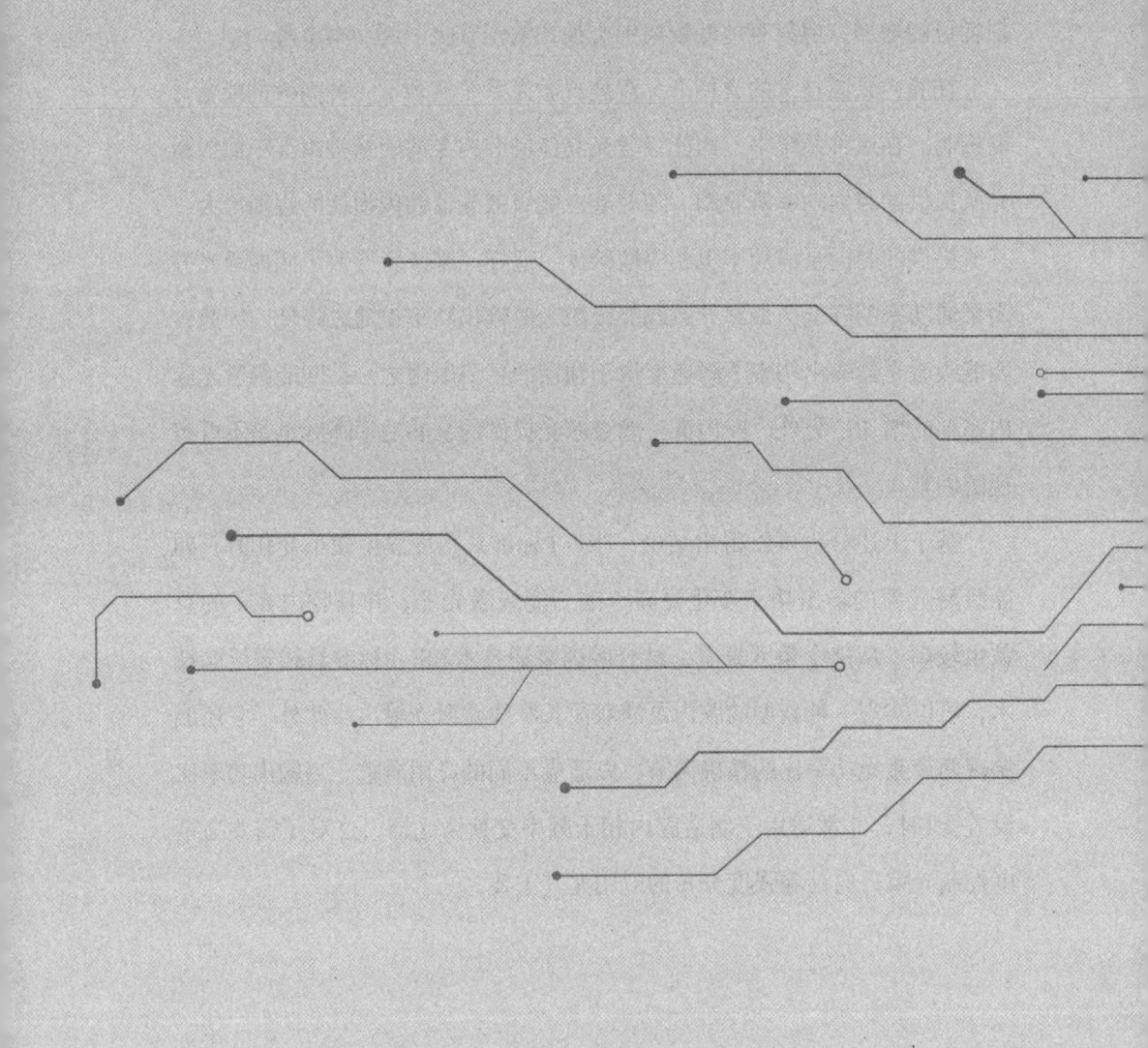

第5章
应用领域

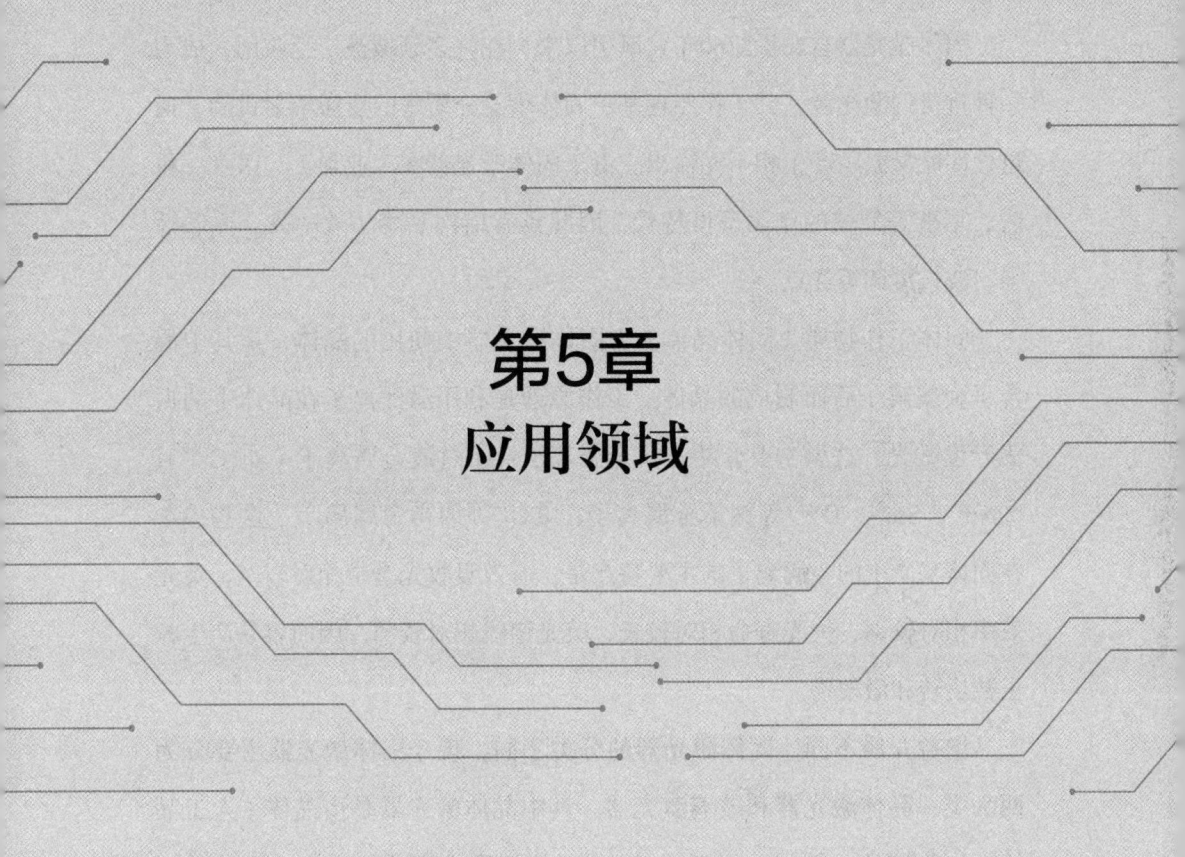

5.1 固体激光器应用领域

固体激光器自20世纪60年代诞生以来,在许多领域被广泛应用,成为一种重要的激光源。其工作原理基于固体增益介质中的受激辐射机制,通过外部能量激励产生相干光输出。由于固体激光器在工业加工、医疗、科研、军事等领域的作用不可替代,因此具有结构紧凑、效率高、可靠性强、波长可调等优点。

固体工作物质(固体晶体)为固体激光器中使用的晶体,是其中混合了金属离子后而制成的晶体。工作原理是利用激活离子在晶体中的振荡产生激光。这里主要介绍三类金属离子:①过渡金属离子(如 Cr^{3+});②Nd^{3+}、Sm^{2+}、DY^{2+}等镧系金属离子;③U^{3+}等锕系金属离子。这些掺杂在固体基质中的金属离子的主要特点是:有效吸收光谱带相对较宽,荧光效率相对较高,荧光寿命相对较长,荧光谱线相对较窄,因而容易产生粒子数反转和激发物。

增益介质不同,固体激光器的分类不同,现今固体激光器主要分为两大类:晶体激光器和玻璃激光器。其中晶体激光器是由晶体(人工晶体)作为基质,例如,刚玉(Al_2O_3)、钇铝石榴石($Y_3Al_5O_{12}$)、钨酸钙($CaWO_4$)、氟化钙(CaF_2)等,另外还包括铝酸铯($CsAlO_2$)、镧铍氟化物($La_2Be_2O_5$)等。晶体典型代表是红宝石(Al_2O_3:Cr^{3+})和掺钇钕铝石榴石(简写为 Nd:YAG)。而玻璃激光器采用的基质以玻璃为主,例如,钡冕玻璃、钙冕玻璃等,可以看出,两种激光器相比,玻璃激光器具备制备方便、获取大尺寸优质材料的优势。对晶体和玻璃基质的主要要求是:

易于将发光的金属离子混合在一起，起到活化的作用；光（折射率）均匀性好，透射特性好；具有物理和化学特性（如热学特性，抗劣化特性，化学稳定性等），适合长期激光工作。玻璃的典型代表是以硅酸盐玻璃为主要材料的，掺杂了镨钕或钕。此外，固体激光器还可根据激光输出的波长范围，分为近红外、可见光、UV等多种类型。

以下是几种固体激光器的介绍：

可调谐近红外线固体激光器：Mg橄榄石被应用于Nd:YAG激光器泵浦。Mg橄榄石是由4价Cr可掺入到Mg_2SiO_4四方晶格中形成。Mg橄榄石作为泵浦源可以在1130nm和1367nm之间进行调谐，以锁模的方式输出，功率为几个瓦特。

可调谐紫外Ce^{3+}激光：Ce:LiSAF的基本激光物理性质类似染料激光器，因为它具有独特的性质。可由波长在280~320nm的侧边泵浦和端面泵浦进行调谐，平均功率在100mW以上。

可调谐中红外Cr^{2+}激光器：可调谐中红外固体激光器由于工作波长较长，频带较宽，在常温条件下，泵浦出现光–热转化，使非辐射延迟增加。而铬硒化锌（Cr^{2+}:ZnSe）激光器首先在常温下获得可调谐的中红外激光发射，不受非辐射延迟的影响。

掺Yb^{3+}激光器：与Nd:YAG晶体相比，Yb:YAG晶体具有更低的热负荷，这使得它在高功率激光应用中具有显著的优势。由于Yb:YAG晶体具有极低的热负荷（约为Nd:YAG晶体的1/3），在高功率激光应用中，Yb:YAG晶体可以承受更高的激光脉冲能量，在激光过程中产生的热量较少，因此可以降低激光器内部的热应力，提高激光器的工作稳定性。在实现相同激光性能的前提下，Yb:YAG激光器可以采用较小体积和重量的光学元件，从而降低激光器的整体成本和提升便携性。

掺钛蓝宝石激光器：将Ti:Al$_2$O$_3$晶体作为激光介质，简称Ti：S激光器。Ti:Al$_2$O$_3$晶体，是一种具有高度对称性的晶体结构的激光介质，因其独特的物理性质和优异的光学性能，逐渐成为激光器领域的研究热点。Ti:Al$_2$O$_3$晶体具有较高的激光输出效率，能够将更多的输入能量转化为激光能量，在短时间内产生强大的激光束，适用于高强度、高速度的激光应用场景。在极端条件下保持稳定的激光输出，适应性强。且具有较小的体积和重量，便于携带和安装。

激光加工技术始终与生产技术的革新和社会新需求保持紧密同步，持续推动科技前沿的拓展。在过去的60年间，无论是数字经济与社会变革的浪潮汹涌，还是对可持续能源的不懈追求，抑或是对健康生活品质的热切向往，激光技术始终扮演着至关重要的角色，为解决人类面临的关键问题贡献了显著力量。如今，激光技术已经渗透到生产、生活的每一个角落，无孔不入。从高精度生产技术的广泛应用到汽车工程领域的创新突破；从医学科技领域的重大进步，到计量和环境技术的精确控制；再到信息通信技术领域的迅速普及，激光技术功不可没。它不仅有效提升了生产效率，降低了能耗，更为人类生活带来了前所未有的便利与可能性。展望未来，随着科技的不断进步和社会需求的持续升级，工业激光技术将继续保持其强劲的发展势头，为人类社会的繁荣与进步贡献更多力量。

5.1.1　激光切割与金属、非金属加工

在不断创新的工业领域，激光切割和金属加工技术进步显著。这些技术的广泛应用，在提高生产效率的同时，也推动着相关行业的持续成长。在当前市场环境下，对切割工艺和性能要求越来越高的高厚度、高密度、

高反光金属材料的加工，已成为当前激光切割加工的主要研究方向。对于切割质量和效率来说，激光的性能是至关重要的。在众多性能指标中，成本、效率以及参数设置等方面的性能尤为关键，它们共同构成了产品的主要竞争力。为了应对市场的不断变革和客户需求的多样化，激光器的研发与制造也在不断进行创新和优化。在金属加工领域，固体激光以大功率为特征，显示出巨大的应用潜力。这种激光的优点是功率稳定，光束质量好，在切割厚度和密度较高的金属材料时结构紧凑，因而性能优异。此外，波长范围更广的固体激光器能够满足不同材料的加工需求，为金属加工行业提供了更多的选择。

5.1.1.1　超快固体激光器

在固体激光器的众多类型中，超快固体激光器（Ultrafast Solid-StateLasers）具备超高的脉冲重复频率和极短的脉冲宽度。超快固体激光器以其卓越的性能脱颖而出，尤其在金属加工领域展现出了巨大的潜力。这种激光器能够实现对材料的高速、高精度切割，大大提升了生产效率和产品质量。其一，超快固体激光器的脉冲重复频率极高，意味着它能够在极短的时间内连续发出大量的激光脉冲。这种特性使得超快固体激光器在金属切割过程中能够实现高速、连续的作业，大大提高了生产效率。其二，由于极短的脉冲宽度，在极短的时间内集中释放激光能量，从而使切割工艺更加精密，减少了物料受热影响的区域，降低了热量变形，从而使产品品质得到了保证。

超快固体激光器在金属加工领域表现出广泛的应用价值。在汽车制造过程中，超快固体激光器能够有效地切割各类金属材料，包括钢板、铝合金等，实现复杂形状的快速成型，为提升汽车生产效率与品质贡献了显著力量。同时，高精度、高品质的切割性能为飞行器制造提供了强有力的技术保障，超快固体激光器在航空航天领域同样发挥着重要的作用。

在非金属加工领域，超快固体激光器同样展现出了强大的应用潜力。在塑料、陶瓷等材料的加工过程中，超快固体激光器能够实现精确、快速的切割和雕刻，为这些材料在高端制造领域的应用提供了可能。由于其高效、环保的加工方式，超快固体激光器也符合当前绿色制造的发展趋势，为制造业的可持续发展做出了贡献。

除了高效的切割性能，超快固体激光器的结构紧凑、维护简便也是其在市场上受到欢迎的重要原因。这种类型的激光器通常采用模块化设计，便于安装调试，在安装调试时进行操作。同时，由于其工作稳定、可靠性高，维护成本相对较低，使得企业能够节省大量的人力和物力资源。

5.1.1.2　掺钕钇铝石榴石（Nd:YAG）激光器

掺钕钇铝石榴石（Nd:YAG）激光器作为一种典型的固体激光器，在工业应用上已经表现出了卓越的实力。其卓越的功率输出和耐用性，使其成为金属材料切割和焊接的理想选择。这种激光器以其卓越的光束质量和稳定性，确保了加工过程的高精度和稳定性，成为现代制造业不可或缺的一部分。

Nd:YAG激光器在金属加工领域的应用广泛且深入，其优异的光束质量与稳定性确保了加工过程中的高精度与稳定性。这使得Nd:YAG激光器在各类金属材料的切割与焊接任务中均展现出卓越的性能表现。另外，激光焊接技术在控制热影响区域大小，降低焊接表面粗糙度，消除机械冲击等方面的优势也十分明显。相较于传统焊接方法，激光焊接技术能够实现对焊接过程更为精确的控制，从而显著提升焊接质量。在实际应用中，

Nd:YAG 激光器能够适应不同的焊接需求,以连续或脉冲方式工作。其高功率密度使得焊接过程更加高效,能够快速完成大面积的焊接任务。同时,其性能可靠、加工安全、控制简单等特点,使得掺钕钇铝石榴石激光器在工业应用方面颇受青睐。值得一提的是Nd:YAG激光器可以达到107W或更高的单脉冲功率,可以将材料加工得极快。这种峰值功率很高的脉冲激光器,在处理质量上要比平均功率激光器的处理质量要好,功率等级相当。可有效克服铜或铝等贵金属材料的热扩散、反射等难题,提高焊接质量。另外,大体积焊接采用单脉冲的能力,使Nd:YAG 激光器在制造和修复大型构件方面具有得天独厚的优势。提高激光焊接的质量和数量,对提高激光效率和提高激光焊接的能量至关重要。通过大量相关技术的综合应用,Nd:YAG 激光器已经能够焊接多种材料。无论是几μm厚的薄膜材料,还是几十毫米厚的厚板材料,它都能轻松应对。

掺钕钇铝石榴石(Nd:YAG)激光器以其高功率、长寿命、高质量的光束以及广泛的应用领域,成了现代制造业中不可或缺的重要工具。Nd:YAG激光器将继续发挥更大的作用,为制造业的发展注入新的活力。

5.1.2 医疗领域

激光医疗因其独特的优势,在某些疾病治疗中逐渐取代了传统疗法,受到越来越多医生和患者的青睐,市场份额增长明显。在眼科、牙科、外科等各科手术中广泛使用固体激光器。例如眼科青光眼治疗和视网膜脱落手术可以使用Nd:YAG激光器,而Er:YAG激光器可以用于牙科的切片和矫正。此外,固体激光器还可以用于外科的组织切割和止血。肿瘤治疗中使用固体激光器的情况也越来越多。如利用Nd:YAG激光器对肿瘤进行消融治疗，并结合其他固体激光器对肿瘤进行光动力治疗（PDT）等。固体激光器在皮肤科的应用有去除纹身、色素沉淀等。例如，调Q激光器可以产生极短的脉冲宽度，用于去除顽固的纹身墨水颗粒。此外，固体激光器还可以用于皮肤的嫩肤、抗衰老等美容治疗。The Business Research Company 发布的市场研究报告显示，预计到 2026 年，全球激光医疗市场规模将显著扩大至93.1亿美元，2022—2026年复合年增长率为13.7%。中国近年来在激光医疗领域的基础研究和技术创新方面取得了显著进展，尽管中国在激光医疗领域起步较晚，技术水平相对滞后，临床应用也多依赖进口设备。在2019年，国家自然科学基金资助的激光医疗科研仪器研制项目共有16项，占重大科研仪器研制项目的近五分之一，其资助额度更是占到了全部资助额度的 20.44%左右。医疗行业中激光器技术的持续进步，是由国内对激光技术领域中的关键技术及其核心部件进行持续迭代更新所驱动的。随着国内医用激光器的关键性能指标提升，激光医疗设备国产化进程正在稳步推进。激光技术的发展，尤其是在平均功率的提升、体积的缩小以及系统稳定性的增强等方面，已经实现了显著的进步。这些技术的突破，使得激光在医疗领域的应用范围日益扩大，涵盖了更为广泛的治疗和诊断手段。

因为医疗行业的特殊性，医用激光器需要与工业激光器区别。例如对激光的波长、脉冲宽度、工作方式、输出功率等有特定的要求。例如，人体组织的不同位置会出现对不同波段激光吸收率的差异，根据吸收、穿透率的不同选择不同波长的激光，脉冲宽度、运作方式及输出功率等均需经过严格的控制，以应付部分精密程度较高的医疗应用。

医用激光器在医疗领域的应用日益广泛，目前备受瞩目的重要发展方向之一就是超快激光。超快激光（Ultrafast Laser），顾名思义，是指超短脉冲激光，其脉冲宽度在皮秒（10^{-12}s）甚至更短的时间尺度内。这种激光技术的独特之处在于它的脉冲宽度比材料中的电子晶格传热时间要小得多，因此它与传统激光在烧蚀机制上的差异非常明显。在超快激光的作用下，由于其极短的脉冲宽度，激光能量在极短的时间内集中释放，从而实现了对聚焦区域组织的精确去除。同时，由于脉冲时间极短，周围组织的热效应被显著降低，有效减少了对非目标组织的损伤。这种"冷烧蚀"的特性，使得医疗领域应用超快激光大有可为。目前，超快激光已广泛应用于眼科、皮肤科等对精度要求较高的医疗领域。在眼科手术中，超快激光在精确清除病变组织的同时，减少了对周围健康组织的伤害，提高了手术效果，提高了患者的舒适度。在皮肤科治疗中，超快激光可用于去除皮肤表面的瑕疵、痣等，同时促进皮肤组织的再生和修复。随着高功率、高稳定性的超快激光的不断发展和完善，未来将会有更广泛的应用于医疗领域的超快激光。例如，它可望在神经外科、心血管科等更多领域发挥重要作用，实现更为精准、安全的手术治疗。此外，超快激光还可用于药物输送、光动力治疗等领域，为医学研究和治疗提供更多可能性。超快激光作为医用激光器的重要发展方向，以其独特的烧蚀机制和精准的治疗效果，在医疗领域展现出巨大的潜力和价值。随着技术的不断进步和应用的不断拓展，相信未来超快激光将在更多领域发挥更大的作用，为人类的健康事业做出更多贡献。

近年来，激光技术在医疗领域取得了显著的发展，特别是在单色性、准直性及能量密度高等微创手术方面，激光技术更是独树一帜。因为激光在医疗领域的应用，主要依赖于其生物热效应，通过不同波长和能量的激光作用于生物组织，产生不同的热效应，从而达到治疗的目的。所以生物组织内水分子的光吸收特性进行深入研究，具有至关重要的理论意义。水分子对各种波长激光吸收系数的准确掌握是理解激光在生物组织中的生物热效应的决定性因素。研究表明,水分子2μm波长的激光具有极高的吸收系数,高达600cm^{-1},这一数值相比可见光波段提高了六个数量级。这一高吸收系数使生物组织穿透深度较浅的激光掺杂在一起,还具有很好的热凝和止血作用。除了生物热效应外,激光的安全性也是其在医疗领域应用的重要考量因素。对于2μm激光而言,其安全性得到了广泛的研究和验证。已有实验数据表明,2μm的激光比0.69μm的激光对人眼的损伤阈值提高8个数量级,1.069μm的激光比1.5μm的激光提高了3个数量级。这意味着在同等条件下,2μm激光对人眼的潜在危害更小,具有更好的人眼安全性。在这些优势的基础上,2μm的激光显示出巨大的临床应用潜力。通过低损耗光纤传输,2μm激光可以方便地与内窥镜等医疗设备结合使用,实现精确的手术操作。在内窥镜的辅助下,医生能够清晰地观察到手术部位,并利用激光的精确切割和止血功能,完成复杂的微创手术。同时,由于2μm激光的人眼安全性较高,对操作人员也提供了充分的人眼保护,降低了手术风险。2μm激光进一步扩大了在医疗领域的应用。

激光技术在医疗领域的应用大有可为。通过深入研究激光与生物组织的相互作用机制,以及不断优化激光设备的性能和安全性,有望开发出更加高效、安全、精确的激光治疗手段,为人类的健康事业带来更多的福祉。

5.1.2.1　组织消融

组织消融中固体激光器的应用研究早在1990年就有相关报道。研究人员通过设置不同的激光参数,探究掺入激光与生物组织在不同功率条件下的相互作用、激光作用时间、光斑半径、切割速度等,从而观察到激光热效应对生物组织的作用。实验结果显示，在一定范围内，生物组织吸收的激光能量可以通过提高激光功率和照射时间来实现更快的消融速度。但是较高的激光功率会导致更大的热影响区域，损伤创口周围的健康组织，甚至形成碳化，延长患者的恢复时间。1998年，德国Hannover Laser公司的Lubatschowski等利用中心波长2.06μm的掺铥钇铝石榴石激光器（Tm:YAG laser）作用于猪的新鲜肾脏和心脏。当输出功率为5W，光斑直径为1.1mm时，消融效率为0.245mg/J；当输出功率为10W，光斑直径为140μm时，消融效率为0.338mg/J。通过加大输出功率，缩小光斑直径，可以达到提高激光功率密度，进而提高消融效率的目的。2003年，德国吕贝克医学激光中心的Theisen等通过搭建离体实验装置，利用商用Tm:YAG激光器（德国Lisa Laser公司）研究在不同输出功率（10~60W）和操作条件如入射角度（30°~60°）、切割速度（2~10mm/s）、光纤接触表面压力（20~90mN）等，激光在猪肝表面的切口深度和热影响范围。结果表明，随着激光功率越高、入射角度越垂直、切割速度越慢，激光切割深度也将越深，而表面压力对切割深度没有太大影响。同时，当激光功率超过20W时，创口横截面出现碳化，但碳化和热凝区不会超过创口周围1mm。2011年，土耳其博阿齐奇大学Bilici等人报道了一种掺铥铝酸钇（Tm:YAP）激光手术系统，设定连续激光输出分别为200mW、400mW、600mW，激光持续时间分别为1s、3s、6s、8s、10s，针对小鼠脑组织开展活体实验，以研究其性能和组织消融作用。实验结果表明，对于小鼠脑组织，当该Tm:YAP激光系统输出功率为200mW，持续时间为10s时，组织消融效率最高。2012年，德国Netsch等针对大体积前列腺的切割效率和安全性，分别采用70W和120W掺合式激光，验证了在前列腺增生切除手术中应用大功率掺合式激光的安全性和高效性。2016年，俄罗斯莫尔多维亚国立大学Belyaev等利用波长1.885μm的掺合式固体激光器，以LiYF$_4$：Tm晶体为基础，在静脉腔内进行2.8~3W的激光闭合输出实验，使大隐静脉从人体离体中输出。当激光功率提升到3W时，可以观察到明显的血管壁分层、破裂，而破损的血管壁和红细胞悬浮液吸收激光能量在光纤端面凝固碳化，进一步提高了热辐射的效率。2020年，俄罗斯莫尔多维亚国立大学的Artemov等人也在活体静脉腔内进行激光闭合实验，使用了基于掺钕氟化钇锂（Tm:LiYF$_4$）晶体、发射波长为1.91μm的掺入固体激光器，达到了更好的静脉腔内静脉闭合效果。除功率、光斑半径等激光参数外，激光的连续和脉冲方式对生物组织也具有不同的激光生物效应，通过对脉冲激光重复频率、脉冲宽度等参数的合理调节，获得比连续激光更好的组织消融效果。2003年，英国曼彻斯特大学El-Sherif等人通过声光调制器主动锁模（脉宽150~900ns，脉冲频率100Hz~170kHz，峰值功率1~4kW），详细比较了连续和调Q掺杂光纤激光器对生物作用的影响。当照射时间和平均功率相同时，结果表明，相比于连续脉冲，调Q脉冲激光应用于生物组织消融可以实现更小的热损伤面积和更平整的创面，有利于患者术后的恢复。2014年，中国地质大学的吕涛等人改进了商用连续掺入式激光器（德国Lisa Laser公司），在谐振器中安装输出调Q激光的声光调制器，重复频率为1kHz，脉冲宽度为400~1400ns。掺铥激光在不同输出能量和切割速度条件下切割新鲜猪肾组织，结果表明，脉冲能量相同时，切割速度越大切割效果越不明显；切割速度相同时，激光脉冲能量越大切割效果越明显，此时调Q掺铥激光在临床上的最佳切割速度约为1mm/s。2016年，加拿大瑞尔森大学的Huang等搭建单模全光纤连续/脉冲掺铥激光手术平台对鸡胸肉和猪脊髓进行激光消融实验，利用显微镜和光学相干层析成像仪（OCT）观测掺铥激光照射后生物组织的热影响区域和碳化区域半径，分析组织消融效果。Huang等利用该系统输出连续激光和脉冲激光分别照射猪脊髓,输出功率为2W,照射时间0.5~5s,辅助气体氮气流速30~70SCFH(1 SCFH=0.0283m³/h),脉冲激光重复频率为100kHz。实验结果表明,激光组织消融深度受到激光照射时间、辅助气体流速以及激光模式的影响,在较短的总照射时间下,脉冲激光的消融速率是连续激光的5~8倍。同时,脉冲式激光引起的组织碳化的面积相对于连续式激光要小一些。此外,实验还验证了该系统可通过激光模式调节、功率调节、氮辅助气流量调节等手段。

5.1.2.2　眼科领域

眼睛是比较精密的人体内部器官,同时它的屈光系统也很好,具有很好的透明性。与传统眼科治疗方法比较,位置可以精确地被激光定位,安全性和针对性明显提高。目前,眼科应用的激光治疗主要是青光眼、视网膜病变、近视、白内障等疾病。青光眼的病理解剖基础为房水循环受阻,从而引发眼内压力的增高。治疗青光眼的主要方法包括使用滴眼液、口服药物以及实施眼外引流手术等。治疗青光眼的核心原则在于有效降低患者眼压,以防止眼压过高对视神经产生压迫作用,从而避免视神经损伤。手术过程存在潜在风险,可能导致一系列并发症,例如视力减退、眼压降低以及伴随发生炎症等。激光治疗技术在青光眼的治疗领域中展现出其广泛适用性,无论是在疾病的初级阶段还是在晚期,均能发挥显著效果。该技术以其高精度性和非接触性为特点,有效降低了术后并发症的风险,从而为患者提供了更为安全与稳定的治疗选择。早在1998年,Ayyala等人采用了Nd:YAG激光治疗技术。对38名青光眼患者别采用传统疗法和激光疗法,并在术后6个月至4年间,持续进行患者眼部症状、眼压、视力等指标的随访观察工作，以确保全面、准确地掌握患者康复情况，采用YAG固体激光技术对睫状体进行光凝治疗青光眼的临床研究显示，该激光疗法能显著降低眼压，从而对青光眼产生积极治疗效果。金学民等采用波长810nm、激光照射时间2s、平均功率500mW的半导体激光治疗顽固性青光眼，共68例，术后6~17个月随访。研究结果揭示，在部分患者群体中，眼压的控制需通过多次激光手术来实现。此项研究进一步阐释了：激光疗法在青光眼的治疗领域已被广泛认可，因其简便性、安全性及有效性。此外，激光技术同样适用于视网膜病变的治疗。

视网膜病变是一种眼科疾病，其分类较为繁多，其中包括视网膜脱离、黄斑病变、糖尿病视网膜病变、先天性眼病等多种类型。在治疗视网膜病变时，常用的治疗方法包括药物治疗和激光治疗等。然而，药物治疗存在一定的复发风险。在接受激光疗法后，患者的视力并未取得显著改善。目前，针对视网膜病变的治疗手段主要是将激光疗法与药物治疗相结合，这一治疗方法在医学研究界受到了广泛关注。研究表明，抗VEGF药物与激光治疗相结合，在缓解黄斑水肿方面显示出协同效应，其对于视力的改善作用超越了单独的激光疗法。在毕双双等研究人员的一项研究中，对120例患者的191只眼睛进行了糖尿病视网膜病变的评估，这些眼睛在不同时间点接受了567nm黄色激光光凝治疗并结合抗VEGF药物治疗。治疗结果表明，这种联合疗法对于黄斑水肿显示出显著的缓解效果，并且具有较高的安全性。

在长时间内，针对近视眼，特别是青少年群体的近视眼，缺乏特异性药物治疗，因此，角膜屈光手术成为治疗近视眼的主要手段。目前，主流的角膜屈光手术包括全飞秒激光小切口角膜基质透镜取出术（SMILE）和准分子激光原位角膜磨镶术（LASIK）。李玉等人采用光学相干断层扫描血管成像技术，研究了飞秒激光近视治疗对视网膜血流密度、厚度及神经纤维层的影响。该研究在手术后对患者进行了观察。在为期3个月的随访研究中，对比SMILE（全飞秒激光小切口角膜基质透镜取出术）与飞秒制瓣准分子激光原位角膜磨镶术（FS-LASIK）两种手术方式对高度近视的治疗效果及安全性。研究结果表明，两种手术方式均能有效且安全地治疗高度近视。采用飞秒激光技术对30名近视患者55眼进行治疗，并安排其进行定期复诊。本次观察的主要指标包括视力、散光、角膜中心厚度、角膜总屈光力以及波前像差等。此结果进一步验证了SMILE与FS-LASK技术的有效性。

  白内障主要是由于晶状体代谢紊乱所引起的一种眼部疾病，其发病原因多种多样。该病的发生机制主要涉及晶状体蛋白质的变性，由于眼内浑浊的晶状体阻挡了光线的传递，导致光线无法正常投射至视网膜，进而引起视力下降。目前，针对白内障的药物治疗仍在研究探索之中，在目前医疗条件下，唯有处于初期的白内障方可接受治疗。近年来，采用超声波技术对晶状体进行乳化处理，在房型人工晶状体植入过程中，对白内障超声乳化术联合皮质去除进行深入研究。该技术的优势在于其切口尺寸微小，对周围组织的损害程度较低。白内障超声乳化技术，是在飞秒激光的辅助下实施的一种创新性复合治疗手段。经过对42例病例的治疗效果分析，戎志銮等研究者发现，在白内障超声乳化手术过程中，采用飞秒激光辅助可以有效减少所需的电能消耗和手术时间。而且角膜水肿的程度在手术后已经减少了。术后3天、1周及1个月进行了细致的跟踪评估。据观察，采用飞秒激光辅助的白内障摘除术，在各个评测时点，相较于传统的超声乳化手术，角膜内皮细胞的密度呈现显著增高。徐晓玮等专家学者针对老年白内障手术中飞秒激光辅助超声乳化白内障的实际效果进行了全面梳理与总结。研究结果表明，通过采用飞秒激光辅助治疗技术，手术过程中超声能量对角膜的潜在损害显著减少，进而实现了患者视力水平的明显提升以及散光度数的有效改善。这一发现为提升老年白内障手术治疗的安全性和效果提供了有力支撑。多种与眼科相关的其他疾病，例如刘岩等人采用的Nd:YAG治疗方法。研究表明，阻塞性泪道疾病可以通过YAG激光泪道成形术进行有效治疗。该术在治疗泪点、泪小管阻塞、慢性泪囊炎以及外伤性泪小管断裂等鼻泪管堵塞症状方面，展现出卓越的激光治疗效果。

5.1.2.3 肿瘤治疗

针对肿瘤的治疗，目前临床上普遍采用外科手术切除、化学药物干预以及放射线治疗等方法。然而，上述治疗手段存在较大的副作用，并且难以实现对肿瘤的彻底清除，容易导致疾病复发。因此，采用这些方法进行治疗时，虽然可能取得一定的疗效，但效果并不尽如人意。随着激光技术的不断进步，激光治疗肿瘤的优势逐渐显现，如出血量少、感染率低、手术精度高、手术时间短、患者痛苦小等。与传统的治疗方法相比，激光治疗肿瘤在临床治疗中的应用越来越广泛。

自1981年我国成功研发出自主光敏剂以来，光动力治疗（PDT）在中国开始了其临床应用与发展之旅。研究人员Lilu等人采用激光照射肿瘤15min，波长为671nm，功率密度为$300mW/cm^2$，结合光敏剂对肿瘤细胞进行治疗。研究显示，光动力治疗在无损于邻近正常器官的前提下，能有效抑制肿瘤的生长。然而，光动力治疗也可能对周围正常的人体组织细胞造成一定的损伤，并在此基础上对肿瘤细胞实施杀伤。

在当前医疗实践中，尽管存在一定的局限性，光动力疗法依旧在肿瘤治疗领域展现出其显著的疗效，体现在肿瘤细胞相较于正常细胞更高的死亡率。血管瘤，一种以血管内皮细胞异常增殖为特征的疾病，多见于婴幼儿，是脉管系统异常的常见临床表现。奚翠萍等人在临床研究中，对27名眼底孤立性脉络膜血管瘤患者实施了波长为810nm的红外激光治疗。该治疗机制是通过激光的局部光凝作用，减少热量传递至周围组织，进而导致视网膜及其血管的损伤，并可能引起神经纤维束的破坏、血管出血以及狭窄闭塞等并发症。与传统疗法相比，本方法操作简便，治疗成本相对较低，疗效显著。李尚泽等人对178名幼儿血管瘤患者使用Nd:YAG激光进行激光治疗，激光波长1064nm、脉宽0.1~300ms、能量密度3~300J/cm²，在最小化对周围表皮及真皮组织的损害的前提下，通过选择性地激发血管组织的热损伤、诱导血管组织凝固及其坏死等途径，力求实现对血管瘤的最大程度清除。针对膀胱非肌层浸润性肿瘤，本研究对50例患者实施了激光切除术。术中采用120~150W的激光进行切削，通常情况下手术过程中不会出现出血现象。对于少数术中仍有出血的情况，可采用60~80W的激光对创面进行汽化电凝以达到止血目的。激光治疗膀胱肿瘤的优势在于手术过程迅速，有效避免了闭孔神经反射，并且出血量较少。与传统治疗方法相比，激光治疗能够更为彻底地清除膀胱肿瘤。

5.1.2.4 皮肤整形

采用皮肤学去角质、磨砂、手术切除等疗法，常常未能达到预期的治疗效果，而且可能伴随产生一定的副作用。

经过严谨的科学研究，安德森先生与帕里什先生揭示了生物组织所具有的选择性光热效应特性，并将其研究成果发表在了权威的科学期刊之上。该发现随即在学术界引起了广泛的关注与讨论。此后，激光技术在皮肤科学领域逐步得到应用。借助激光治疗，能够克服传统疗法的局限性，并有望实现对相关皮肤病症的根治。白癜风作为一种常见的色素丧失性疾病，在常用的治疗手段当中，光治疗方法是目前最有效的治疗方法，在当前的临床治疗实践中，具有中高效能、安全性高以及可选择性作用于病变皮损的308准分子激光，正日益成为治疗方案中的佼佼者，深受医疗专业人士和患者的青睐。

采用先进的准分子激光器技术，陈体高等通过精准的激光照射诱导毛囊部神经嵴干细胞向成熟的黑色素细胞定向分化，同时调节黑色素细胞微环境，对40例肝肾不足型白癜风患者进行了临床治疗研究，以期实现色素恢复的目标。研究结果表明，白癜风激光治疗方式，在临床实践中已展现出明确的疗效，同时其不良反应相对较少。此外，该治疗方法对于提升患者的生活质量具有显著效果。鉴于皮肤表层黑色素颗粒的增加以及黑色素细胞的扩增，可能导致皮肤色素分布的异常现象，进而出现诸如黄褐斑、鲜红斑痣等皮肤病症。在此背景下，易水桃采用了特定的波长技术进行处理，在运用532nm长脉冲KTP激光进行治疗时，该激光波长对于影响黑色素细胞和血红蛋白具有显著效果。治疗过程中，激光能够有效提升线粒体活性，从而加快黑色素细胞的代谢速率。同时，该作用针对微血管内皮细胞，通过促进其吸收热量并发生凝固反应，有效降低血管的通透性，并减轻炎症反应的程度。对40名黄褐斑患者进行临床疗效观察。研究结果表明，KTP激光器在黄褐斑的治疗过程中显示出高度的安全性，且不良反应不显著，从而为黄褐斑的治疗提供了新颖有效的手段。邓娟医生运用波长为585nm的脉冲染料激光对126名患有鲜红斑痣的儿童进行了激光治疗。该疗法是目前临床上治疗鲜红斑痣的有效方法之一，与传统治疗方法相比，激光疗法在治疗效率方面具有显著优势，且术后不良并发症的发生率较低。董子月探讨了采用波长为755nm的翠绿宝石激光器治疗汗孔角化症的有效性与安全性。研究基于选择性光热作用原理，通过精准去除目标黑色素颗粒，并借助皮肤抗原促进细胞代谢吸收，进而改善汗孔过度角化与色素沉着问题。针对青春痘及痤疮的激光疗法在提高治疗效果与保障治疗安全性方面的临床价值显著。由美国Candela Medical公司开发的该疗法，通过精确的激光治疗，能显著降低术后疤痕的形成，对于青春期常见的慢性炎症性皮肤病症具有显著疗效。李杨医生对30名患有炎症性粉刺的患者，对他们进行了采用波长为1064nm的Nd:YAG激光器与强脉冲光联合的治疗。通过抑制真皮层异常毛细血管生成，该方法能有效治疗炎症性粉刺，且具有较高的安全性，值得在临床推广应用。甘赛阳等人采用Er:YAG激光，实现了2940nm的波长，在针对94例中至重度痤疮凹陷性瘢痕患者实施临床治疗的研究中发现，点阵激光技术在治疗痤疮后遗留下的瘢痕方面展现出显著的疗效，其恢复期相对较短，且不良反应较少。该技术通过精准的点阵激光束对皮肤进行刺激，引发光剥脱与光组织反应，进而激发皮肤组织的再生与修复能力，有效实现了对痤疮疤痕的治疗目标。

随着社会经济的蓬勃发展，我国民众的生活品质已取得了显著的提升。人们不再仅仅满足于基本生活的需求，而是追求更高品质的生活。此外，随着我国人口老龄化问题日益严重，老龄人口比例持续扩大，公众对健康问题的关注度也在不断提升。健康问题已经成为当下社会关注的热点，同时也是我国人口结构调整的关键所在。在这个大背景下，我国人口结构的转变使得国民对先进医疗技术的需求愈发迫切。激光医疗技术作为一种新型、高效的医疗手段，应运而生，受到了广泛关注。这种技术具有创伤小、疗效显著、恢复期短等优点，为患者带来了更好的就医体验。因此，激光医疗技术在我国的推广与应用成了一种趋势。目前，我国激光医疗产业提供了一个突破原创技术的良好土壤，主要是中小民营企业，具有灵活的管理模式和创新的科研环境。在这些企业中，不乏一些具有创新能力和市场竞争力的佼佼者，他们致力于研发更加先进、更加精准的激光医疗设备，为国民提供更加优质的医疗服务。未来，随着激光医疗技术的不断发展和普及，预计将有更多的企业和资本涌入这一领域，形成更大规模的产业集群。这些产业集群将集聚大量的创新资源和人才，推动激光医疗技术的不断创新和进步。与此同时，中国激光医疗产业也在"一带一路"倡议的深入推进下，将目光投向更为广阔的全球市场。国内已有越来越多的激光医疗设备和企业获得美国FDA和欧洲统一医疗资质，这为其进军国际市场打下了坚实的基础。然而，海外市场开拓并非易事，需要企业在产品质量、技术创新、市场营销等方面下足功夫，不断提升自身的竞争力和影响力。尽管中国激光医疗产业已有所建树，但仍有一些难题和挑战。首先，目前我国激光医疗产业整体上仍处于中低端水平，高端市场份额相对较低，无论是规模、核心技术还是推广应用等方面与世界高水平相比存在一定的差距。这主要是因为国内企业与国际巨头在技术研发、创新能力等方面还存在一定的差距，很难抗衡。在皮肤科、泌尿外科等技术难度较低的领域，国内已有相关设备投入应用，但企业规模较小，产品路线较为单一，目前我国的皮肤科、泌尿外科等相关企业往往缺乏足够的资金和资源来支持其进一步发展和壮大，难以形成具有影响力的品牌和企业集团。眼科激光设备行业技术壁垒较高，高端激光医疗设备仍主要依赖进口。这不仅导致了国内市场的被动局面，还使得国内企业在技术创新和产品研发方面受到了较大限制。此外，尚缺乏新兴激光医疗领域的肿瘤光动力治疗、弱光医疗、口腔等大型本土企业的参与。这些领域具有广阔的市场前景和发展空间，但由于技术门槛较高和市场培育难度较大，国内企业在这方面的投入和研发力度还有待加强。

在当前的国内资本市场中，除了少数新三板企业外，尚未有公司成功登陆主板市场。大量的公司主要从事激光医疗产品的生产，但经营的产品种类较为分散，大多数公司仅专注于1至2种激光医疗产品的制造与销售。

在产业链条问题上，我国激光医疗设备行业主要集中在利润微薄的中低端领域，企业在资源与能力方面难以逾越高端技术门槛，这不仅限制了我国激光医疗产业的进步，而且导致了恶性循环。资本对激光医疗技术研发持谨慎态度，主要因为研发周期较长、技术壁垒较高，且伴随着一定的风险。

学科建设是一项至关重要的工作，其质量直接关系到学科未来的发展潜力和人才培养的质量。然而，当前某学科领域面临的一个严峻挑战是缺乏明确的学科属性，这导致了专业人才的短缺和学科发展的滞后。具体而言，在国内尚未设立涉及激光医疗的二级学科，这无疑限制了该领域的发展和创新。

在当前阶段，我国科研单位在激光医疗产业方面存在对现状与需求把握不够准确的问题，导致与产业发展出现脱节。具体表现在对激光医疗产业的发展现状和实际需求理解不足，从而影响了科研单位与企业之间在"产、学、研"一体化进程中的有效对接。

针对以上问题，我国激光医疗产业需要采取一系列措施来加以解决。政府应加大对激光医疗产业的支持力度，提供政策扶持和资金支持，鼓励企业加大技术创新和研发投入。企业应积极引进和培养高素质人才，加强与国际先进企业的合作与交流，提升自身的技术水平和市场竞争力。加大市场宣传和品牌建设力度，提升国产激光医疗器械的知名度和美誉度也是当务之急。总之，我国激光医疗产业虽然取得了一定的成绩，但仍然存在诸多问题和挑战。只有通过不断创新和进步，加强与国际先进企业的合作与交流,才能推动我国激光医疗产业实现更加高效的发展。

5.1.3 军事领域

在过去近40年中,激光测距仪/目标指示器在诸多局部冲突中发挥了关键作用,并已稳固地成为军用火控系统的标配装备。固态激光器在军事目标指示与追踪方面显示出其应用价值。例如,在夜间作战或复杂气象条件下,通过固态激光器对目标进行照射,可以显著提升武器系统的命中等度。利用激光束对目标进行追踪,不仅实现了精确制导,同时也为战术导弹导引头的应用提供了可能。以美国"爱国者"导弹防御系统为例,其导引头的重要组成部分即为固态激光器。此外,以固态激光器为核心的定向能量武器,通过高功率激光束的聚焦,能够对敌方目标造成破坏。美国海军的"激光武器系统"(LaWS)便是一个实例,它运用固体激光器对敌方无人机和小艇进行拦截与摧毁。

激光雷达(Laser Radar),也称光雷达,系激光技术在雷达系统领域的有效应用成果。该设备融合了微波雷达与光学技术的各自优势。其工作频率范围为30Hz~1000THz,展现出卓越的空间与时间相干性,具备显著的孔径增益效应,同时拥有高强度的照明性能。此外,该设备还具备高空间与时间分辨率的直接探测及相干探测能力。在火池激光雷达实验室,美国林肯实验室正在进行众多激光雷达项目的研究与示范工作,这些项目得到了美国海军以及弹道导弹防御组织(BMDO)的资金支持。

在1990年10月,美国林肯实验室在采用直接探测二极管泵浦Nd:YAG激光雷达的技术手段之下,完成了第二次激光雷达成像实验。不仅对此前的火飞试验结果进行了验证,而且展示了强大的传感器数据集成能力。因此，在相干激光雷达技术的发展历程中，大功率宽频火池激光雷达的研发与测试无疑是标志性事件。

短波长（1μm）相干激光雷达具备显著的后向散射多普勒频移，该频移值可达2MHz/m/s。相较于波长为1cm的激光雷达，其频移速率约高出10000倍。进而能够精确测量运动目标在单脉冲测距过程中的速度。通过激光束的调制和同轴被动热像仪的结合，可以实现对目标距离、速度、温度的测量。通过对目标实施方位与俯仰角度的扫描，并对其反射的信号进行细致的处理分析，能够实现对目标的有效捕获、持续追踪以及精确拍摄。借助计算机处理技术，能够为每一图像赋予包括方位角、俯仰角、距离、速度、反射率及温度在内的六维丰富信息。在此基础上，通过多维成像技术，即可实现图像的立体呈现。激光照明技术能够生成目标物体的标准图像，而距离选成技术则能够通过距离选择成像技术排除大气和地面杂波的干扰，为每个成像单元提供精确的距离数据。此外，借助距离测量技术，能够将静止目标区分出来，揭示其形状和大小。热成像技术则能够描绘出热分布和冷分布的情景图像。而多普勒成像技术则可以展示运动目标的图像，并对每个成像单元进行速度测量。针对空间高解析度目标成像的需求，尽管这要求有较大的有效孔径，但是硬目标的距离-多普勒图像仍可借助倒相合成孔径（ISA）波形技术来实现。此外，在测定大气组成、大气污染状况、生物化学毒素含量以及风力特征等方面也做出了研究。在探讨了激光差分吸收雷达、激光拉曼频移雷达、激光多普勒雷达等前沿技术的基础上，该技术已进入实际应用阶段，为环境保护、气象观测等关键领域提供了坚实的技术保障。

在未来的发展中，预计系统将采用一系列标准化的发射机组件构建而成。这些组件将利用光纤或自由空间传播技术进行信号传输。随后，输出能量将通过电子耦合方式，作用于可塑形的相控阵孔径上，并借助二元光学技术来实现其功能。

这一孔径不仅具有将激光束以电子方式变焦发射的能力，而且在提供大角度电子扫描功能的同时，还能将目标向后散射的能量收集起来。针对大气引起的光学畸变问题，可以采取电子手段对系统性能进行优化，以实现其修正。将大时间带宽乘积结合先进的数字信号处理技术，微电子化的雷达接收器将能够对目标进行六维信息的精确测量。同时，得益于先进的计算机技术，复杂的数学运算得以以低成本实时完成。调制器与探测器具备宽频带能力，能够实现高精度测距（测量精度<1mm）以及高精度测速（测量精度<1mm/s）。随着元器件和系统技术的持续发展，这一进展预示着激光雷达技术在未来有着广泛的应用潜力，并为激光雷达技术的进一步发展奠定了坚实的技术基础。

5.1.3.1 固态激光雷达

固体激光器作为一种高效且稳定的激光源，具有许多令人瞩目的性能，因此被广泛应用于激光雷达领域。近期，随着科技的不断进步及其在应用层面需求的持续升级，基于二极管泵浦的固态激光雷达技术已经成为主要的研发趋势和未来的发展方向。固体激光器的优势在于其高峰值功率和平均功率，这使得它在实现远程探测和高精度测量方面具有显著优势。同时，固体激光器的光谱纯度也非常高，可以确保激光束在传输过程中的稳定性和准确性。此外，固体激光器的工作寿命相对较长，可以满足长时间、高强度的使用需求。除了以上的性能优势外，固态激光器与器件相匹配的是现有的光学元件以及波长范围的输出，这特性使其在与调制器、隔离器、探测器等光学元件配合使用时，能够有更好的性能表现。此外，固体激光器还能轻松实现主振荡器-功放（MOPA）结构，有效提高激光束功率和稳定性，进一步提高激光雷达的性能。固体激光器以其高效率、小型化、轻量化、卓越的可靠性和出色的稳定性等显著特点，在机载和天基系统等领域占据了优先考虑的地位。在机载系统中，固体激光雷达可以实现高精度、高速度的地形测绘和目标识别；而在天基系统中，固体激光雷达则可以用于地球观测、气象监测和军事侦察等领域，为科学研究和社会发展提供有力支持。

为了更好地发挥固体激光器的性能优势，研究者们还在不断探索和研发新的固体激光材料和器件。例如，通过优化固体激光器的结构和材料，可以进一步提高其峰值功率和平均功率；通过引入新的调制技术和光学元件，可以进一步提升激光束的稳定性和准确性。固态激光雷达的未来发展，正是这些技术的不断突破与创新所奠定的坚实基础。固体激光器应用是激光雷达领域的重要技术之一。随着科技的不断进步和应用需求的不断提升，固态激光雷达将在未来发挥更加重要的作用，为人类社会的发展和进步贡献更多力量。

在当前的技术水平下，对于激光雷达系统而言，波长位于1μm以及2~3μm范围内的固体激光器均可适用。特别是在1.06μm波长区段，激光技术已经趋于成熟，其中包括Nd:YAG、Nd:YLF以及Nd:YVO$_4$三种激光器，它们均展现出良好的大气传输性能。通常情况下，掺铥（TM）激光器的发射波长位于2.0μm附近，而掺钬（Ho）激光器的发射波长则略长，为2.1μm。值得注意的是，后者在2.1μm的波长处受到的大气影响相对较小。通过融入Er玻璃激光器，可以生产出符合眼睛安全标准的1.54μm激光。然而，它们并不常作为激光雷达发射器，这是由于工作物质的热特性所决定的。通过采用倍频器和参量振荡器，这些波长均可转换为所需的波长。此外，随着二极管泵浦技术的发展，构建高光束质量和平均功率的MOPA（Master Oscillator Power Amplifier）结构相应变得简便，这有利于满足各种雷达应用中的直接探测和相干探测需求。采用二极管泵浦的Q开关Nd:YAG激光器，是作为直接探测激光雷达的固体激光发射源的典型应用。林肯实验室为火池激光雷达实验场定制开发了相关系统。而最终发射器采用的是二极管泵浦 Nd:YAG组件串级组成，在波长1.06μm、重复频率180pps（平均功率36W）、光束角7倍衍射极限、输出倍频90mJ、8ns的激光脉冲上。实验设计为每组执行三次脉冲工作，各组间以16ms的时间间隔分隔。在此实验中，四象限光电倍增管系统被用来实施光子计数以实现距离测量和跟踪。Delta卫星通过实验场时从它的表面回波测得的距离数据，分辨率约1m。美国劳伦斯利弗莫尔国家实验室（LLNL）开发的空间高分辨率成像激光雷达系统，该系统由成像通道与测距通道两大核心部分构成。二极管泵浦Nd:YAG激光发射机、APD激光接收器。Nd:YAG条状元件采用单面泵浦与单面散热的设计，运用$LiNbO_3$Q开关，确保泵浦二极管热控制元件以及增益条状元件的温度维持在10~22℃。设备的运行参数设定为：输出功率为6.8W，且在连续作业过程中保持每秒一次的重复频率。激光测距机已从640km高度测量在月球表面的距离。

5.1.3.2 激光制导

精确制导武器不仅完全改变了大型常规兵器传统的军事价值，而且凭借其高命中精度、强杀伤威力、优异的消耗比和费效比，在战场上发挥了对整体作战能力影响深远的低成本威慑力量。正因如此，提高常规战略效果的关键方法之一就是发展精确制导武器。在光电制导领域中，激光制导技术以其起步较早、技术成熟且应用广泛的特点，一直备受关注。激光制导武器的多种型号装备部队多次在实战中成功应用，显示了较强的实战能力。随着空地导弹技术的持续进步，对地面目标的精确识别需求变得愈发迫切。在此背景下，激光主动制导成像导引头在激光主动成像制导技术领域已取得显著成就，其独有的成像识别优势对此贡献巨大。从辐射源的角度来看，目前激光成像制导雷达主要分为三大类：CO_2激光成像雷达、二极管泵浦固体激光成像雷达以及二极管激光成像雷达。其中，CO_2激光器在早期激光成像雷达中以其高效、良好的大气传输性能和成熟的三维成像信息处理技术独占鳌头。比如，美国著名的"火池"激光雷达的远程测试，在成功验证其性能的同时，也使CO_2激光成像雷达在激光制导技术中的重要地位得到了进一步巩固。CO_2激光器虽具备众多优势，然而其设备体积较大，以及对环境温度要求较高的HgCdTe探测器等，存在一定的不便之处。该因素在一定程度上影响了其在实际应用场景中的竞争力。

二极管泵浦固体激光成像雷达，作为近年研究的新兴热点技术，其在制导领域的应用潜力引起了广泛关注。二极管泵浦固体激光成像雷达结合了固态激光和二极管激光的优点，不仅具有高效、良好的大气传输性能，而且体积小、功耗低。这种新型的激光成像制导雷达不仅提高了制导精度和抗干扰能力，还降低了制造成本和维护难度，为现代战争中的精确打击提供了有力支持。随着激光制导技术的不断进步和创新，有理由相信，未来将有更多高效、精准、低成本的激光制导武器涌现，为国家的安全和发展保驾护航。

在高速发展的过程中，高功率二极管激光器阵列和二极管激光器阵列激发了人们对激光雷达应用固体激光发射器的兴趣。随着二极管激光器技术的进步，雷达系统具有巨大的发展潜力，具有可信度高、小型化、寿命长、光电效率高等特点，固体激光雷达系统与$1.06\mu m$的CO_2激光雷达系统相比较，虽然在效率方面存在一定差距，且输出功率小。但具备轻质、低成本以及探测器无需制冷等显著特点。相干检测技术在全固态激光雷达系统中的应用，最早可追溯至1986年，斯坦福大学的研究团队首次成功展示了该技术。在1988年至1989年期间，相干技术公司成功研发了第二代Nd:YAG激光雷达系统，该系统在操作实时性以及数据处理能力方面相较于斯坦福大学的系统表现更为出色。尽管以Nd:YAG为代表的固体激光器在效率方面尚显不足，但其技术上的重大突破却为引导应用开辟了崭新的可能性。固体激光器以其小型化、便携化的特点，更适合现代战争的需求，特别是在快速响应和灵活部署方面展现出独特的优势。

自20世纪80年代起，二极管泵浦固体激光雷达技术开始进入研发阶段。美国相干技术公司于1989年成功研发出了一种1.06μm波段的相干激光雷达系统，该系统采用了低平均功率的脉冲。这套系统在外场已经进行了精密的测试。在1990年的SPIE激光雷达会议上，相干技术公司展示了脉冲式相干固体激光雷达系统，该系统的工作波长分别为1.06μm和2.1μm。应当指出，在系统光路中采用光纤技术，首先显著降低了对于各组件在空间上精确定位的依赖性。此外，相干混频的信号与本振光能够实现近似完美的匹配，同时对于外部差分探测器位置的选择，具有更加灵活且至关重要的意义。为了应对1.06μm波长激光对眼部安全潜在的威胁，相干技术公司开发了一种具备低重复频率的Tm, Ho:YAG相干激光雷达系统，该系统的设计工作波长为2.1μm。类似的研究报告亦曾出现在1991年举行的第六届SPIE激光雷达会议上。在1992年举行的第七届激光雷达会议上，美国陆军导弹光学测试系统（AMOR）的相关研究论文得以展示。该系统采用1.06μm雷达波段的相干锁模技术。可对远程战略目标进行距离与多普勒高分辨率测试。该研究团队所开发的二极管泵浦固体成像激光雷达系统于1994年得到了美国空军怀特实验室的详细阐述和介绍。系统具备直接探测以及相关探测的能力。该系统系从美国Fibertek公司引进的直升机防撞激光雷达系统，经过研究已成功研制出两架直升机试验样机。1995年，美国相干技术公司推出了更先进的相干锁模固体激光雷达系统，使雷达系统的性能和稳定性有了很大的提高，在信号处理和数据采集方面有了显著的改进。到了1997年，美国国防部资助了一项名为"先进激光雷达技术计划"的研究项目，旨在开发更为高效、精确和可靠的激光雷达系统。在该项目推动下，二极管泵浦固体激光雷达系统的研究得以深入推进和拓展。在1999年，美国国防部研发成功了一种新型二极管泵浦固体激光雷达系统。该系统不仅提升了探测精度和分辨率，增强了抗干扰能力，还实现了更低的能耗。该成就的实现，进一步巩固了激光雷达在军事领域应用的理论基础。随着信息技术和光电技术的快速发展，二极管泵浦固体激光雷达系统在21世纪逐渐成熟和普及。它不仅在军事领域得到了广泛应用，还逐渐拓展到民用领域，如自动驾驶、智能交通、环境监测等方面。如今，二极管泵浦固体激光雷达系统已经成为现代光电技术的重要组成部分，其在各个领域的应用也在不断深入和拓展。未来，随着技术的不断创新和进步，有理由相信，二极管泵浦固体激光雷达系统将会在更多领域发挥出其独特的优势和价值。

5.1.3.3 激光通信

在21世纪这个通信技术飞速发展的时代，无线通信技术已经成为目前通信领域主要的技术手段，并以其独特的优势在各个领域得到了广泛的应用。其中，备受相关领域专家关注和深入研究的激光通信技术，以其独特的性质成为当前研究的前沿技术。激光作为一种信息载体，具有许多独特的优势。借鉴雷达的工作机制,激光技术完全有能力取代微波技术,在各个应用领域中,激光通信展现了其显著的优势。例如,能够在窄光束内开辟全新通信通道、显著提升带宽、实现高功率信息传递的激光大气传输通信和卫星激光通信。此外,激光通信还具有较高的保密性和抗干扰性,使得通信线路之间的信息传输更加安全可靠。激光通信技术的优势不仅体现在其传输速度和带宽上,还体现在其对地面技术支持的要求较低。这使得激光通信技术非常有助于大范围通信的实现,为现代社会的信息交流提供了更加便捷和高效的手段。但在应用过程中,一些技术难题也摆在了面前。其中,制约激光通信技术在军事领域普及的关键因素之一就是大气光散射问题。由于大气层的散射作用,激光在传输过程中会受到严重的干扰和衰减,从而影响通信的质量和稳定性。尽管目前的研究已经取得了一些进展,但如何有效解决这一问题仍是激光通信技术面临的挑战。虽然面临技术难题,但激光通信技术依然大有可为。对通信网络的要求也随着信息化时代的到来而越来越显著。在当前的通信设备需求背景下,唯一能够满足这些需求的,就是那些具有高速传输能力、包含丰富信息要素以及广泛覆盖范围的通信网络。

  激光通信技术已经成为未来通信技术发展的主要方向,其具有独特的优势。在这种形势下,西方国家通常会对军用激光通信技术提供相应的支持。例如,美军方已依据"MXC3"计划,成功配备"小石城"通信系统,并致力于开展激光光纤通信系统的研发工作。这一系统的成功应用,不仅提升了美军的通信能力,也为激光通信技术的发展提供了有力的支持。此外,英国所研发的"松鸡"激光通信系统以其高度稳定性和强大的通信能力在军事领域中占据了显著地位。这一系统凭借其精确无误的数据传输与处理能力,被广泛应用于英国海军的各类舰艇之上,为舰队的协同作战提供了坚实的通信保障。与此同时，法国亦不甘示弱，其精心打造的DFO光通信系统同样展现出了卓越的性能。DFO系统以其高效的数据传输速度和强大的抗干扰能力，成为法国海军舰艇的得力助手，有力推动了激光通信技术在军事领域的应用与发展。

作为当前通信领域的尖端技术，激光通信技术发展潜力巨大，应用前景值得期待。尽管目前还面临着一些技术难题和挑战，但随着科技的不断进步和研究的深入，相信这些问题将会得到逐步解决。未来，激光通讯技术有望在各个领域得到广泛应用，为人类社会的发展带来更加便捷和高效的信息交流方式。

5.1.4 通信领域

在自由空间光通信（FSO）系统中，固体激光器得到了广泛的应用。数据的高速传输是通过在空中或太空建立激光通信链路实现的。固体激光器在量子通信领域的应用主要体现在量子密钥分发（QKD）和量子隐形传输（QT）两个方面。利用固体激光器产生的单光子或纠缠光子对进行传输，实现安全的远程通信。例如，在基于BB84协议的量子密钥分发（QKD）系统中，采用固体激光器作为光源。

在我国量子科学研究领域，一款备受瞩目的实验卫星——"墨子号"，正发挥着举足轻重的作用。它的核心任务是利用固体激光器开展千公里级的量子通信实验，为我国量子科技的发展贡献力量。"墨子号"量子科学实验卫星是我国自主研发的一颗卫星，它以古代哲学家墨子的名字命名，寓意着传承墨子提倡的实用主义哲学思想。自2016年发射升空以来，墨子号在量子通信、量子纠缠、量子密钥分发等领域取得了世界领先的成果。在量子通信方面，墨子号通过搭载固体激光器，成功实现了千公里级的量子密钥分发。这一突破性的成果，为全球量子通信技术发展奠定了基础。同时，墨子号还开展了跨大陆的量子通信实验，实现了北京与维也纳之间的量子加密信息传输，彰显了中国在量子通信领域的实力。固体激光器作为墨子号的核心设备，发挥着至关重要的作用。它采用了掺铒光纤激光器和分布式反馈激光器等技术，具备较高的稳定性和可靠性。通过固体激光器，墨子号可以实现量子密钥的分发，保障通信安全，并为未来构建全球量子互联网奠定基础。除了量子通信外，墨子号还在量子纠缠和量子计算等领域取得了丰硕的成果。通过对卫星上搭载的量子实验设备进行升级和改进，墨子号的研究团队成功实现了全球首个卫星与地面站之间的量子纠缠分发，为实现卫星量子网络奠定了基础。此外，墨子号还在卫星平台上开展了量子计算实验，展示了量子计算在空间环境的应用潜力。墨子号的成功不仅提升了我国在国际量子科学研究领域的地位，还为全球量子科技的发展提供了有力支持。随着墨子号等量子卫星项目的持续推进，我国有望在量子通信、量子计算等领域实现更多突破，推动人类科技进步。

5.1.5　文化遗产保护

文物修复是传承历史文化的重要环节，近年来，随着科技的不断发展，固体激光器在文物修复领域的应用日益广泛。已有相关文献阐述了固体激光器在文物修复中的主要应用，以及其在石质文物、金属文物修复方面的具体实践。

固体激光器在文物修复中的应用主要体现在去除文物表面的污染物和

老化层。例如，使用Er:YAG激光器对石质文物进行清洗，可以有效去除表面的污渍和钙化层，而不损伤文物本身。此外，固体激光器还可以用于对石质文物进行微修复，对破损处进行精细处理，使其恢复原貌。

金属文物在长时间的历史演变中，往往会遭遇氧化、锈蚀等现象，影响其观赏价值和保存期限。固体激光器在金属文物修复中的应用同样具有重要意义。使用固体激光器进行金属文物的除锈和表面处理，可以有效去除锈蚀层，重现文物原本的面貌。此外，固体激光器还可用于金属文物的焊接修复，对破损处进行精确焊接，使文物得到完美修复。

固体激光器在文物修复中的优势在于：①非接触性：固体激光器无需直接触摸文物，避免了对文物的损伤和二次污染；②高精度：固体激光器具有高能量密度和高精度，可以实现对文物表面的精细化处理，确保修复效果；③安全性：固体激光器在去除污染物和老化层的同时，不产生有害物质，有利于文物保护；④广泛适用性：固体激光器可应用于各种材质的文物修复，包括石质、金属、陶瓷等。

固体激光器在文物保护中的另一个重要应用是3D扫描技术。通过激光扫描文物表面，获取三维模型的高精度数据，从而为数字化保存和展示文物提供依据。例如，使用多视角激光扫描系统对博物馆中的文物进行扫描，可以生成高精度的3D模型，用于虚拟展览或教育目的。

5.1.6 其他领域

科研：基础科学研究普遍采用固体激光器。如利用固体激光器产生的高能光子，对粒子的性质、相互作用机理等进行研究，并在粒子物理实验中与粒子发生相互作用。此外，固体激光器还可用于前沿科学研究领域，如原子冷却与禁锢、量子计算等。

天文观测：在天文学中，固体激光器被用于主动光学系统，如自适应光学望远镜。通过激光束照射地球大气中的湍流层，产生反向散射光，从而监测大气扰动并实时调整望远镜镜面，以获得更清晰的天体图像。此外，固体激光器还可以用于测量恒星距离、探测行星大气等天文观测任务。

环境监测：在环境监测领域，固体激光器已被广泛应用于气体监测和水质监测等多个方面。采用激光光谱技术对大气中的二氧化硫、氮氧化物等污染物浓度进行监测。此外，固体激光雷达还可以用于监测大气颗粒物、海洋浮游生物等环境参数。

舞台效果：固体激光器在音乐会、舞台剧等演出中提供独特的舞台效果。营造梦幻般的视觉体验，通过激光束的变换与互动。例如，使用彩色激光器在演唱会上创造动态的光束效果，增加观众的沉浸感。

互动游戏：在互动游戏中，固体激光器可以作为输入设备，通过玩家的动作来控制游戏的进程。例如，使用激光传感器检测玩家的动作，实现人体运动捕捉和交互式游戏体验。此外，部分桌游还采用了增加游戏互动性和趣味性的LASER技术。

固体激光器作为一种关键的激光光源，其应用前景极为光明，涉猎领域极为广泛。固体激光器的应用范畴广泛，其涉及的领域诸如工业、军事、医疗等，已在上文中进行了概括。固体激光器的发展趋势主要体现在其材料与器件的多样化。这包括对新型波长以及工作波长可调节的激光工作物质的探索，以提升激光器的转换效率、增大输出功率、改善光束质量、缩短脉冲宽度、增强可靠性以及延长工作寿命等关键性能指标的优化。

高性能化：未来固体激光器将向功率更大、效率更高、宽度更短等方向发展。例如，通过改进激光器的设计和制造工艺，可以实现更高的激光输出功率和更高的转换效率。

微型化、集成化：随着微电子技术和纳米技术的不断发展，固体激光器未来将向微型化和集成化方向发展。例如，利用微纳加工技术制造微型固体激光器，将激光器与其他光学器件集成在一起，实现多功能一体化的光电系统。

智能：固体激光器的智能功能将会随着人工智能技术的不断发展而更加强大。例如，实现自适应控制和智能维护，利用机器学习算法对激光器的工作参数进行优化。

绿色环保化：随着环保意识的不断增强，未来的固体激光器将更加注重绿色环保方面的发展。例如，开发低能耗、低污染的激光器技术，减少对环境的影响。

跨学科应用：固体激光器的应用领域将随着科学技术的不断进步而不断扩大。例如，在生物医学领域，固体激光器可以用于生物成像、光动力疗法等新兴技术的研究和应用；在能源领域，固体激光器可以用于太阳能电池的制造和光伏发电等方面。

未来，固体激光器将在更多领域发挥重要作用，推动相关产业的发展和进步。同时，也需要关注固体激光器发展过程中可能面临的挑战和问题，加强相关领域的研究和合作，共同推动固体激光器技术的进步和发展。

5.2
窄线宽激光器的应用领域

爱因斯坦在1917年提出关于"光与物质相互作用"的理论时，预测了受激辐射现象的存在。随后，美国加州的Hughes实验室Maiman博士成功利用人工合成的红宝石晶体研制出了一种高纯度光源，其波长可以达到694.3nm。在此基础上，激光技术逐渐受到广泛关注。

经过长达60余年的发展，激光的科研价值和商业价值已经不言而喻。该技术推动了制造业、生命科学、信息技术和科学研究等领域的快速发展。在波长、功率以及线宽等关键性能参数方面，实现了持续的优化和提升。特别在相干传感、光学精密测量以及引力波探测等领域的技术进步，再次激起了学界和工业界对窄线宽激光器研究的广泛关注。作为先进的激光光源，窄线宽激光器在现代科技中的地位和应用价值十分显著。窄线宽激光器（Narrow Linewidth Laser）是指能够产生极窄光谱线的激光器。线宽是指激光器输出光谱的宽度，窄线宽激光器在精密测量、光谱学、光纤通信、激光雷达、原子钟、量子信息处理等领域具有重要应用。

窄线宽激光器的分类主要基于其工作原理和实现方式，以下是一些主要的分类：

单频激光器是一种具备极窄线宽特性的激光器，能够输出单一频率的激光光束。这类激光器通常采用Fabry-Perot腔体、环形腔或光纤网等特殊的谐振腔设计和稳定技术来保证激光器输出的频率稳定和单模特性。

分布反馈（DFB）激光器是一种集成在半导体芯片上的激光器，它通过在激光介质中引入周期性的折射率变化来实现单模输出和窄线宽。光纤通信系统中广泛使用DFB激光器，用来保证激光信号的稳定性和窄线宽度。

分布式布拉格反射（DBR）激光器的布局与DFB激光器具有相似性，然而其显著特点在于反射区与增益区的明确分离。通过将布拉格光栅引入激光介质两端，DBR激光器可以实现单模输出和窄线宽度。这种设计使得DBR激光器在波长选择和调谐方面具有更大的灵活性。外腔激光器通过将激光介质置于外部谐振腔内,从而达到窄线宽的激光输出。外部谐振腔可以是Fabrey-Perot腔,也可以是环形腔,也可以是光纤栅之类的。通过对外部谐振腔长度和反射率的精确控制,实现对激光线宽的精细控制。

光纤激光器利用光纤作为增益介质,实现激光放大的方式是将稀土元素(如铒、镱等)掺杂在光纤中。光纤激光器通过运用光纤布拉格光栅(FBG)或环形腔等技术,能够实现窄线宽的激光输出。由于光效高,稳定性高,寿命长,光束质量好,光纤激光器的应用非常广泛。

固体激光器采用固体形态的材料作为其增益介质,这些材料主要包括各类晶体与玻璃,并掺入了稀土元素以提高其光学性能。通过使用高Q值的谐振腔和精确的温度控制,固体激光器可以产生窄线宽的激光输出。在科研和精密测量中,这样的激光器是很有用的。

气体激光器使用气体作为增益介质,如氦气激光器(He-Ne)、氩离子激光器(Auroniclaser)等。通过优化气体放电管的设计和使用高精度的谐振腔,气体激光器可以产生窄线宽的激光输出。气体激光器在光谱学上的应用及精密测量方面具有重要的作用。

利用半导体材料作为增益介质,通过精确控制电流和温度,半导体激光器可以实现激光的窄线宽输出。此类激光器广泛应用于光纤通信领域、激光打印领域以及激光扫描领域。

光学频率梳激光器是一种能够产生一系列等间距频率的激光器,这些频率形成一个"梳状"光谱。通过精确控制梳状光谱的频率间隔,可以实现非常窄的线宽。光学频率梳激光器在精密测量和光谱学研究领域占据至关重要的地位。在原子钟和激光冷却实验中,需要使用具有极窄线宽的激光器来精确控制原子的能级跃迁。这些激光器通常采用特殊的稳定技术,如锁定到原子跃迁的频率上,以实现极高的频率稳定性和窄线宽。

窄线宽激光器的分类和应用领域非常广泛，它们在现代科学技术中扮演着关键角色。随着技术的不断进步，窄线宽激光器性能会不断提高，应用领域也会进一步扩大。未来，窄线宽激光器将在推动科技进步和提高生活质量方面发挥更加重要的作用。

窄线宽激光器的特点与优点：

高单色性。窄线宽激光器的最显著特点是其高单色性，即其发射的激光具有非常窄的频率范围。这就使窄线宽激光器在要求高精度和稳定性的应用上占尽了先机。

高相干性。由于窄线宽激光器的频段较窄，因此其相干长度较长。这意味着其发射的激光具有很高的相干性，可以用于干涉、光谱分析等精密测量。

稳定性高。较高的工作稳定性使窄线宽激光不容易受到环境因素的影响，因此，激光具有较高的工作稳定性。这使其在需要较长时间稳定输出的应用中占据优势。

可调谐性。有些窄线宽的激光器具有可调谐性，可以通过改变激光器的工作参数或通过外接控制来调整激光的波长。这使窄线宽激光应用起来更灵活。

由于窄线宽激光器能够提供高稳定、高准确度的光源，因此在原子钟、光谱分析以及量子计算等研究领域具有广泛的应用前景。通过使用窄线宽激光器，研究人员能够精确地控制光子的量子态，进而实现更为精确的量子测量和计算。随着光通信技术的迅速发展，对于光源的性能要求日益严格，窄线宽激光器以其低噪声、高稳定性的特点，为光通信提供了优质的光源。在高速光通信系统中，窄线宽激光器能够有效地降低通信误码率，提高通信质量。此外，窄线宽激光器还可用于实现波长复用、光时分复用等先进的光通信技术，进一步提升光通信系统的性能。在国防军事和民用领域，激光雷达作为一种前沿的探测技术，占据至关重要的地位，窄线宽激光器能够提供高相干性的光源，使得激光雷达具有更高的探测精度和分辨率。此外，窄线宽激光器还可用于实现多光谱激光雷达、相干激光雷达等先进探测系统，为军事和民用领域提供更加精准、高效的探测手段。量子精密测量、光通信以及激光雷达等技术领域，我国拥有显著的技术优势和竞争力。

5.2.1 物理科研领域

在基础物理研究中，窄线宽激光器被广泛用于原子光谱学、分子光谱学等领域。通过精确测量原子或分子的光谱线，可以深入了解其内部结构和相互作用机制。此外，窄线宽激光器也被用于精密测量、量子信息处理等尖端研究领域。

（1）原子与分子物理。在原子物理学研究中，窄线宽激光器被用于实现精确的激光冷却和束缚技术。例如，通过使用窄线宽激光器，科学家能够冷却铷原子至接近绝对零度，从而实现对原子运动状态的精确控制。这一技术对于研究原子的基本性质、相互作用以及量子态的演化至关重要。

（2）光谱学。在光谱学中，窄线宽激光器作为高分辨率光谱仪的光源，被广泛应用于分子光谱学、原子光谱学、光学光谱成像等领域，窄线宽激光器也有着重要的应用，用于精细的光学频谱分析、物质结构表征、光学成像等领域。例如，在红外光谱学中，窄线宽激光器能够提供高信噪比的光谱信号，有助于识别和分析复杂分子的结构和动态。

（3）量子信息处理。在量子信息处理领域，窄线宽激光器是实现单光子源和量子比特的关键技术之一。例如，通过精确调控窄线宽激光器的频率和相位，可以实现对量子比特的精确操纵，从而进行量子逻辑门的操作和量子信息的传输。

5.2.2 精密测量

在近些年，长度的高精度测量已经在现代先进制造业领域扮演了一个不可或缺的角色。这一测量技术在诸如仪器制造、精密加工以及高精度装配等多个方面发挥了显著作用，并伴随着科技与工业领域的快速进步而不断发展和完善。该技术被广泛运用于长度精密测量领域，具备优秀的方向性、单色性和相干性，且对环境因素的影响具有较高的稳定性。当前，在激光长度测量领域，普遍采用的测量技术包括脉冲飞行时间法、相位激光法、光学干涉法以及光频梳等。其中，脉冲飞行时间法在激光长度测量技术中的应用历史最为悠久，该技术基于测量光脉冲从发射点到目标点并返回所需的时间来确定距离，原理简单且易于实现。光学干涉法是通过分析光波的干涉图样来确定长度，这种方法精度高，被广泛应用于精密测量领域。光频梳技术则是利用一系列等间隔的频率组合，通过对比频率标准来精确测量长度，该技术因其高精度和稳定性，在科学研究和工业制造中扮演着重要角色。然而，由于测量精度的量级与波长相仿，这对其应用范围造成了一定的限制。至于相位激光法，它利用激光的相位变化来测量距离，这种方法在测量过程中对环境干扰的抵抗力较强，适用于动态和复杂环境的测量任务。这些技术各具特点，为长度测量提供了多样化的选择，满足了不同场合和精度要求下的测量需求。测量精度可达到μm级别，然而，测试精度受到调频和鉴相精度的影响，导致存在模糊距离的问题。

（1）干涉测量。在干涉测量技术中，能使测量结果具有极高的重复性和可靠性，从而提供高稳定性和高精度光源的窄线宽激光器，可用于精密光学干涉测量。如干涉式测量技术领域、光学频率测量领域、光学相位测量领域等，都是在干涉式测量技术的研究中取得成果的。其稳定的频率特性使其广泛应用于对测量精度要求更高的领域。例如，在激光干涉测距技术中，窄线宽激光器被用于测量地球与月球之间的距离，以及地球自转产生的极小变化。

（2）光学传感器。在光学传感器领域，窄线宽激光器被用于实现高灵敏度的测量技术，如光纤传感器和激光雷达。在光纤传感器中，窄线宽激光器的相干光被注入光纤，通过测量光的相位变化来检测温度、压力等物理量的变化。

5.2.3 通信领域

5.2.3.1 光纤通信

光纤传输技术的进步在通信领域引发了根本性的变革。在短短10年间，光纤通信系统从简单的点对点链路通信发展到多节点复杂网络，传输速度和效率得以大幅提升，满足了现代社会对海量信息的需求。随着密集波分复用技术的出现，光纤通信系统技术得到进一步推动，也对可调谐激光光源提出了新的需求。窄线宽激光器具备高波长稳定性，适用于高速长距离数据传输。半导体激光器具有线宽可调谐的特性，在光纤通信领域中具有广泛的应用前景，因此相关的研究一直受到广泛关注。此外，窄线宽可调谐激光器还在光探测、光纤感应等领域扮演着重要角色。窄线宽激光器可以满足激光光源对高精度、远距离感应系统的性能要求。近年来，新型传感系统通过将反射信号与本振光混频，经光电探测器转换后得到的拍频信号，采用光纤的瑞利散射机制或光纤自身释放的布里渊散射效应进行信号传输。通过分析拍频信号，监控端的信息就可以计算出来。

相较于传统传感系统，基于相干检测的传感系统具有更高的灵敏度和动态范围，应用于军事、机场或核电领域能显著提高安全系数。此类传感系统在输油管道或高压电力系统监控中应用，有助于为广大人民群众的生活提供可靠保障。

5.2.3.2 量子通信

量子信息科学是量子计算与量子通信领域的核心，其中特殊的量子叠加态——纠缠态扮演着基石的角色。光子极化状态已被广泛研究和发展，其优点是生成容易、控制容易、传输速度快、与环境的作用较小。在量子信息科学领域，光子极化纠缠态的制备技术已被广泛认为是其中一个最为成熟的技术。该技术主要通过非线性晶体中的自发参量下转换过程来实现。然而，采用该方法生成的纠缠光子仅具有数量级的频域频宽，这导致其与其他量子系统之间的相互作用易受环境因素的干扰，产生不利影响。因此，期望开发出一种具有狭窄线宽的纠缠光源，以便在长距离量子通信和大规模量子网络应用。为了确保光源在应用中的有效性，其必须具备一系列关键特性。首先，光源的相干长度应当相对较长，这是为了减少环境因素对光子传输过程中光程的影响（在长距离量子通信过程中，发生此类现象）。若采用光纤传输，温度每变化，光程长度将改变；若采用自由空间传输，大气压强每变化，光程长度将改变。若光子的相干长度较大，则其在远距离传输过程中，能够有效抵御外界环境变化所带来的影响；二是光源线的宽度与其它物理系统的宽度能够相匹配。在长距离量子通信领域，光的损耗是一个必须面对且难以克服的技术挑战。

　　为了有效地将光子存储于原子系综之中，光子的线宽必须与原子跃迁谱线的宽度保持一致。原子跃迁谱线的宽度在数量级上，因此，为了制备纠缠源，其线宽也需要在相应的数量级上进行匹配。另一方面，多种物理系统可能需要结合在一个大型量子网络中。线性光学系统与原子或量子点等物理系统相互作用的过程中，若能够实现线宽在或接近量级的光纠缠源的制备，则将极大地简化纠缠源的生成方法。一种更为稳健的解决方案是采用被动滤波机制，基于现有的纠缠光源，通过剔除较窄线宽的光谱成分来实现优化。然而，这种策略的一个主要缺陷是，在缩窄光谱线宽的过程中，大量光子将被滤除，从而导致光源的亮度减弱，进而使其实用性大打折扣。在解决该问题时，采用光学谐振腔内实施的增强参量下转换机制。此方法涉及将参量下转换过程嵌入光学谐振腔中，借助腔内光多次往返，实现相干增强效果，进而产生相干参量光。相较于单次下转换，该方法的效果显著提升。量子通信领域采用的激光器为窄线宽激光器。该种激光器能够输出高强度、高单色性以及高相干性的光波。窄线宽激光器是在常规激光器的基础上，通过特殊的技术手段，使得激光的线宽变得更窄，光谱纯度更高。这种激光具有较高的稳定性和可靠性，对于保证量子通信的传输质量和安全性至关重要。

　　在量子通信中，窄线宽激光器的作用主要有以下几个方面：

　　（1）产生量子态：窄线宽激光器发出的光子具有高度的单色性和相干性，可以用来制备量子态。在量子通信过程中，发送方和接收方通过共同制备量子态来实现量子密钥分发，从而保证信息传输的安全性。

　　（2）量子态传输：窄线宽激光器发出的光子作为量子比特（qubit），可以在光纤中进行传输。在传输过程中，光子之间存在量子纠缠现象，这种纠缠关系可以用来实现超距离通信和量子计算等任务。

（3）抗干扰能力：窄线宽激光器具有较高的稳定性和抗干扰能力，能够在恶劣的环境条件下保持正常工作。这使量子通信系统能够在复杂环境中稳定传输信息，提高通信系统的鲁棒性。

（4）减少噪声：采用具有窄线宽的激光器，能够有效降低光纤传输过程中的噪声，从而提升通信系统的信噪比。这对于保证量子通信的传输质量具有重要意义，因为在量子通信中，噪声会对量子态造成严重干扰，降低通信性能。

在量子通信领域，窄线宽激光器发挥着核心作用。它为量子通信提供了稳定、可靠的光源，保证了量子态的制备、传输和抗干扰能力，为实现高效、安全的量子通信奠定了基础。在我国量子通信领域的研究和应用中，窄线宽激光器技术得到了广泛关注和重视，未来有望在国防、金融、医疗等领域发挥巨大作用。

5.2.4　工业领域

窄线宽激光器在工业领域，在材料加工、检测等方面的应用非常广泛。例如，在半导体制造中，通过使用窄线宽激光器进行光刻和蚀刻等工艺，可以实现高精度、高效率的加工。另外，在无损检测、激光焊接等工艺中也采用了窄线宽激光器。

（1）材料加工。在材料加工领域，激光切割、焊接、标记等工艺均采用窄线宽激光器。由于其高功率密度和高精度特性，窄线宽激光器可以实现对材料的精细加工，提高加工质量和生产效率。

（2）半导体制造。在半导体制造过程中，窄线宽激光器被用于光刻和蚀刻等关键步骤。例如，在光刻过程中，窄线宽激光器提供的紫外光被用来曝光光刻胶，从而转移电路图案到硅片上。

5.2.5　生物医学应用

（1）荧光显微镜。在生物医学成像领域，窄线宽激光器被用作荧光显微镜的光源，通过激发样品中的荧光分子，实现对细胞和组织结构的高分辨率成像。

（2）光动力学疗法。在光动力学疗法中，窄线宽激光器被用于照射肿瘤组织，通过光敏剂的光化学反应产生毒性物质，杀死癌细胞。这种治疗方法对某些类型的癌症有很好的作用。

5.2.6　天文学与空间科学及新兴技术领域

（1）天文观测。在天文观测中，窄线宽激光器被用于激光雷达系统，通过测量来自天体的反射光来确定天体的距离和速度。此外，窄线宽激光器还被用于光谱仪，对遥远星系的光谱进行分析，研究宇宙的演化和物质组成。

（2）空间科学实验。在空间科学实验中，窄线宽激光器被用于激光干涉测量实验，如测量地球的重力场和地球自转产生的影响。此外，窄线宽激光器还被用于空间原子钟，提供高精度的时间参考标准。

（3）量子计算。在量子计算领域，窄线宽激光器是实现量子比特和量子逻辑门的关键技术之一。通过精确控制激光的频率和相位，可以实现对量子比特的精确操纵，从而进行复杂的量子计算任务。

（4）纳米技术。在纳米技术领域，窄线宽激光器被用于实现对纳米结构的精确操控和测量。例如，通过光刻技术，可以利用窄线宽激光器在纳米尺度上绘制电路图案或操纵纳米粒子的位置。

（5）人工智能。在当今这个科技迅猛发展的时代，人工智能（AI）已成为我国科技战略的重要组成部分。在这一领域中，窄线宽激光器的研究与应用日益受到关注。窄线宽激光器在人工智能领域的应用主要体现在神经形态计算和光计算等方面。它们通过模拟人脑神经元的工作原理，将光信号用于信息处理，为实现更高效计算方式提供了可能。

窄线宽激光技术之进展及其多样化运用，若以精炼六字概而言之，其为：窄，稳，调，扫，测，用。回顾窄线宽激光发展的几十年，科研人员不断优化激光运行环境，采用更高精度的温控和隔振，在未来的发展过程中，立体化光学元件的应用，以及研发具备分布式反馈特性的芯片级波长自适应分布弱反馈激光系统，将成为新型激光构型的主要发展方向。此种发展旨在增强激光系统的稳定性和可靠性。另外，鉴于相干通信、传感和密集波分复用系统领域的迅猛发展，超窄线宽光源的应用变得尤为重要。同样被期待具备波长调谐甚至扫频的能力，而具备快速反馈速度和波长自适应特性的波长自适应分布弱反馈架构，是其他任何激光反馈架构目前所不具备的优点。在波长精密调控、多波长发射以及波长扫描等窄线宽激光扩展领域，波长自适应分布式弱反馈结构将展现出其显著的优势。该结构的应用将极大地拓宽窄线宽激光的使用范围。最后，与之相匹配的精确测量和表征方法，也随着窄线宽激光参数极致化的发展而亟待革新。简单地说，窄线宽光源的开发是未来各种科技研究和产业发展的需要，只有综合开发才能满足，是一个集开发、表征、应用于一体的过程。

窄线宽激光器的发展将随着科技的不断进步而面临新的机遇与挑战。

在技术创新方面，研究者们将继续探索新型的激光增益介质和泵浦机制，以实现更高功率、更宽波长范围和更高稳定性的激光输出。在制造工艺方面，预计生产成本将有所下降，生产效率也将因先进的微纳加工工艺和自动化装配工艺而有所提高。在应用拓展方面，窄线宽激光器将在现有应用领域发挥更大作用，同时也将开拓新的应用领域，如空间科学、天文观测和基础物理研究等。

随着科学技术的不断进步，预计未来将会有更多的创新技术应用于窄线宽激光器的研发和制造。例如，新型的激光增益介质、泵浦机制和频率选择技术的出现，将有望进一步提高激光器的性能和降低成本。随着对窄线宽激光器认识的深入和技术的成熟，其应用领域将得到进一步拓展。例如，在生物医学领域，窄线宽激光器可能会在生物成像、疾病诊断和治疗等方面发挥更大的作用。在通信技术领域，随着光通信网络的不断升级和扩展，窄线宽激光器将在高速、长距离通信系统中发挥更重要的作用。

尽管窄线宽激光器在许多领域已经显示出巨大的潜力和优势，但仍面临一些挑战和限制。例如，在降低激光器噪声等级、扩大调谐范围等方面，仍需解决提高动力稳定性的问题。此外，随着新材料和新技术的出现，如何将这些新技术整合到现有激光器系统中也是一个重要的挑战。然而，这些挑战也为科研人员提供了新的研究方向和创新机会，有望推动窄线宽激光器技术的进一步发展。

综上所述，窄线宽激光器作为一种先进的激光源，以其独特的光谱特性在基础科学研究、精密测量、工业应用、生物医学、通信技术以及新兴技术领域等都有着广泛的应用和重要的作用。窄线宽激光器随着科技的不断进步和应用需求的增长，性能将不断优化，应用领域将进一步扩大，将迎来更多的机遇和挑战，在今后的科研和技术创新中有望发挥更加重要的作用。

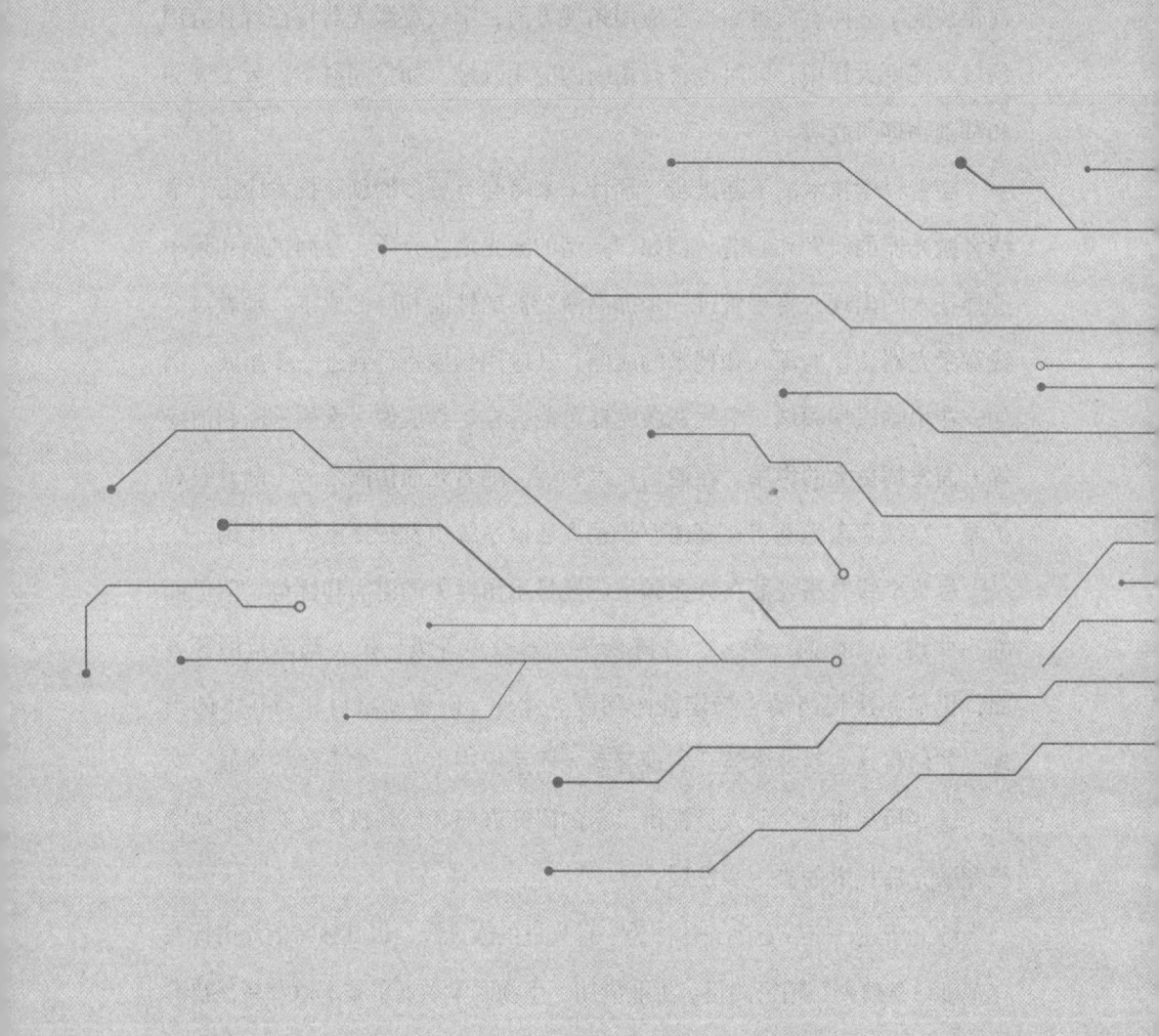

第6章
总结与展望

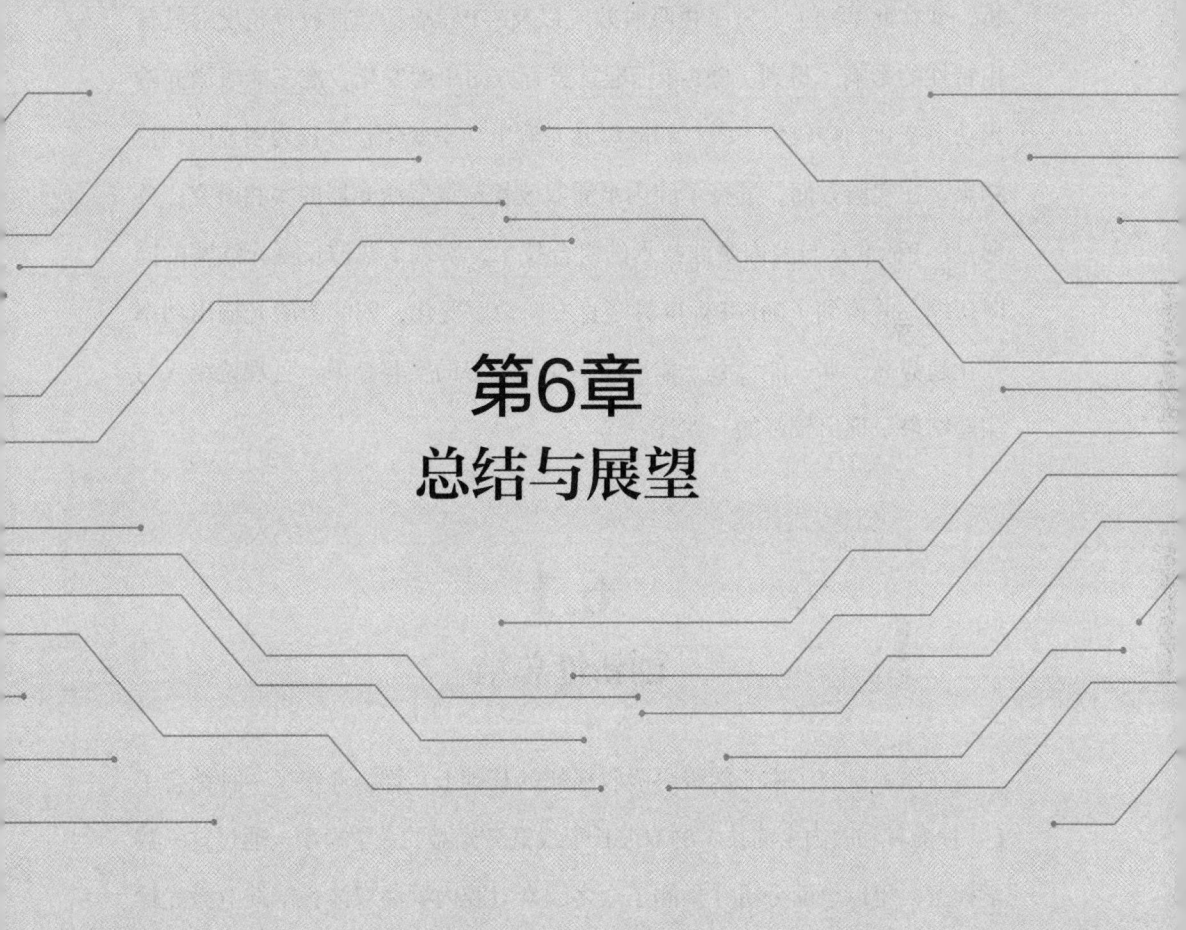

本书主要对腔内泵浦双波长窄线宽激光器开展了理论与实验两方面的研究。在理论方面，对含再吸收效应且满足"吸收-损耗"关系的准三能级-四能级腔内泵浦双波长窄线宽激光器的内部运转过程进行了研究及分析，并在此基础上分析了再吸收效应以及F-P标准具竖直放置角度对其输出特性的影响。得到了随F-P标准具竖直方向角度变化，准三能级激光输出功率变化趋势较为平缓且四能级激光输出功率变化趋势较为明显的理论结果。在实验方面，进行了腔内泵浦双波长窄线宽激光器的实验研究，并通过F-P标准具与腔内泵浦技术的组合技术，实现了双波长激光线宽的同时压缩，并得到了随F-P标准具竖直方向角度变化，四能级激光输出功率变化趋势高于准三能级激光输出功率变化趋势的实验结果，且理论结果与实验结果呈现出较好的一致性

6.1
创新性总结

在深入研究了准三能级再吸收损耗的基础上，详细介绍了一种结合了F-P标准具和腔内泵浦技术的双波长窄线宽激光器的数学模型。通过这一数学模型，得以全面分析并预测了众多因素对腔内泵浦双波长窄线宽激光输出特性的影响。具体来说，模型中考虑了再吸收效应、泵浦光的最佳束腰位置（即最小化激光传播过程中的损耗）、不同泵浦光发散角对激光输出强度的影响，以及F-P标准具在激光系统中的恰当角度设置等关键因素。这些参数的精确控制对于确保激光器性能的稳定性和高效性至关重要。

本书作者进一步提出了一种基于腔内泵浦技术的双波长窄线宽全固态

激光器的实现方案。这个方案的创新之处在于它能够实现准三能级和四能级激光的同时输出，并且可以实现根据需要调节不同波长的输出功率比。更为重要的是，这种方案不仅有效避免了跃迁谱线之间的增益竞争问题，而且还极大地提高了激光能量转换效率，降低了能源消耗。

此外，为了更精确地理解和设计谐振腔，采用了传播圆分析法。该方法为读者提供了一种直观的手段来评估和优化谐振腔参数的选择。通过这种方法，能够清晰地识别出谐振腔参数对于特定波长的激光动力稳定区所产生的显著影响。这种对于谐振腔参数的精细调控，不仅有助于提升激光器的整体性能，还使得在双波长激光系统的设计阶段能够做出更为合理的决策。

总之，通过以上几点研究成果，不仅可以帮助研究者加深对腔内泵浦双波长窄线宽激光器工作原理的理解，也为未来相关技术的发展奠定了坚实的理论和实践基础。这些研究成果将推动光纤通信、光谱学以及其他高科技应用领域进步。随着这些技术不断成熟，在不久的将来，可以期待更多的突破性进展，让激光技术为人类社会带来更加光明的未来。

6.2
展望

窄线宽双波长激光技术，因其独特的光谱特性和极高的研究与应用价值，正逐渐成为激光科技领域内备受瞩目的焦点。这种激光器能够在特定波长上产生清晰、锐利的光束，这在激光医疗、精细物质结构分析、高光谱成像以及引力波探测等多个尖端研究领域中发挥着至关重要的作用。同时，它也在高光谱分辨仪的应用中展现出了无与伦比的优势，提供了更为精确的光谱分辨率，使得科研人员可以更深入地探索自然界的奥秘。

尽管窄线宽双波长激光在众多前沿科技领域中有着不可估量的潜力，但目前针对其关键组成部分——腔内泵浦双波长脉冲激光器的研究仍相对滞后。特别是在模式选择技术这一核心环节上，学术界尚未形成完整的理论体系或实践经验的积累，导致该技术的发展受到限制。因此，通过结合F-P标准具、调Q技术以及腔内泵浦技术来实现高效的模式选择，已经成为一个亟待解决的科学问题。

针对腔内泵浦双波长脉冲激光器模式选择技术的研究，面临着几个重要的科学难题，这些问题需要研究学者付出巨大的精力去解决。

首先，从理论方面看：

（1）建立基于被动调Q条件下腔内Q损耗理论模型：要想有效控制腔内损耗，就必须理解并量化各种因素对腔内Q损耗的影响。建立这样一个理论模型，将为优化激光系统提供必要的理论支撑，进而指导实验设计。此外，还需分析Q开关的瞬态变化如何影响腔内双波长激光的输出特性，以便更好地掌握这种非线性效应。

（2）建立含F-P标准具等腔内损耗条件下的腔内调Q损耗理论模型：除了被动调Q模型之外，考虑到实际应用中可能出现的腔内损耗，如F-P标准具等，还需要进一步建立相应的腔内调Q损耗理论模型。这个模型应当能够反映出腔内Q损耗对双波长激光模式竞争的影响，从而帮助研究者们设计出更有效的激光器结构。

其次，从实验方面来看：

（1）结合腔内泵浦双波长窄线宽激光输出实验：通过对已有激光器的不断优化，积累宝贵的实验数据，了解不同参数设置下的输出性能。这些数据对于改进激光器的设计具有重要意义，有助于实现稳定、高质量的腔内泵浦双波长脉冲激光输出。

（2）将F-P标准具、调Q技术与腔内泵浦技术相结合：为了提高激光器的模式选择效率，可以尝试将多种先进技术与传统的腔内泵浦激光器相结合。例如，利用F-P标准具可以简化激光器的参数设置，而调Q技术则能精确调节激光器的输出模式，两者的结合有望实现更为灵活的模式调控，满足不同科学研究需求。

综上所述，虽然腔内泵浦双波长脉冲激光器的研究充满挑战，但凭借着科研人员的不懈努力和创新思维，相信在不久的将来，这项技术将会得到充分的发展和应用，为人类社会的科技进步贡献出自己的力量。随着相关研究成果的不断涌现，有理由期待未来在诸多科学领域中看到窄线宽双波长激光技术带来的革命性变革。

参考文献

[1] SHEN H Y, ZENG R R, ZHOU Y P, et al. Comparison of simultaneous multiple wavelength lasing in various neodymium host crystals at transitions from $4F3/2$–$4I11/2$ and $4F3/2$–$4I13/2$ [J]. Applied Physics Letters, 1990, 56(20): 1937–1938.

[2] SHEN H Y, ZENG R R, ZHOU Y P, et al. Simultaneous multiple wavelength laser action in various neodymium host crystals [J]. IEEE Journal of Quantum Electronics, 1991, 27(10): 2315–2318.

[3] DANAILOV M B, MILEV I I. Simultaneous multiwavelength operation of Nd: YAG laser [J]. Applied Physics Letters, 1992, 61(7): 746–748.

[4] JENSEN T, OSTROUMOV V G, MEYN J P, et al. Spectroscopic characterization and laser performance of diode-laser-pumped Nd: GdVO4 [J]. Applied Physics B, 1994, 58(5): 373–379.

[5] LIU J, SHAO Z, ZHANG H, et al. Diode-laser-array end-pumped 14.3-W CW Nd: GdVO4 solid-state laser at $1.06\,\mu m$ [J]. Applied Physics B, 1999, 69(3): 241–243.

[6] SCHELLHORN M, HIRTH A. Modeling of intracavity-pumped quasi-three-level lasers [J]. IEEE Journal of Quantum Electronics, 2002, 38(11): 1455–1464.

[7] BETHEA C. Megawatt power at $1.318\,\mu$ in Nd3: YAG and simultaneous oscillation at both 1.06 and $1.318\,\mu$ [J]. IEEE Journal of Quantum Electronics, 1973, 9(2): 254.

[8] 李平雪, 李德华, 李春勇, 等. Oscillation conditions of cw simultaneous dual-wavel-ength Nd:YAG laser for transitions 4F3/2-4I9/2 and 4F3/2-4I11/2[J]. Chinese Physics, 2004, 13(13):1689–1693.

[9] 卜轶坤, 郑权, 薛庆华, 等. LD泵浦Nd:YAG946nm/1064nm双波长运转及腔内和频[J]. 强激光与粒子束, 2005, 17(s1):19–22.

[10] 魏勇, 张戈, 黄呈辉, 等. 1318.8 nm/1338 nm同时振荡双波长Nd: YAG激光器[J]. 激光与红外, 2005, 35(3): 164–166.

[11] 王加贤, 张峻诚, 苏培林. Nd: YVO_4复合腔激光器双波长激光输出及腔内和频研究 [J]. 强激光与粒子束, 2008, 20(12): 1954–1958.

[12] 熊壮, 宋慧营, 曲大鹏, 等. LD泵浦Nd: YVO_4双波长运转腔内和频491 nm激光器 [J]. 强激光与粒子束, 2010, 22(6): 1211–1214.

[13] LI P, CHEN X H, ZHANG H N, et al. Diode-pumped passively Q-switched Nd: YAG ceramic laser At 1123 nm with a Cr^{4+}: YAG saturable absorber [J]. Applied Physics Express, 2011, 4(9): 092702.

[14] ZHANG H N, CHEN X H, WANG Q P, et al. Continuous-wave dual-wavelength Nd: YAG ceramic laser at 1112 and 1116 nm [J]. Chinese Physics Letters, 2013, 30(10): 104202.

[15] SUN G C, LEE Y D, ZAO Y D, et al. Continuous-wave dual-wavelength Nd: YAG laser operation at 1319 and 1338 nm [J]. Laser Physics, 2013, 23(4): 045001.

[16] Sangla D, Castaing M, Balembois F, et al. Laser Nd:YVO_4 pompé directement par diode dans la bande d'émission à 914 nm[J]. 2009.

[17] DING X, CHEN N, SHENG Q, et al. All-solid-state Nd: YAG laser operating at 1064 nm and 1319 nm under 885 nm thermally boosted pumping [J]. Chinese Physics Letters, 2009, 26(9): 094207.

[18] LÜ Y F, XIA J, YIN X D, et al. 1085 nm Nd: YVO_4 laser intracavity pumped at 914 nm and sum-frequency mixing to reach cyan laser at 496 nm [J]. Laser Physics Letters, 2010, 7(1): 11–13.

[19] STONEMAN R C, ESTEROWITZ L. Intracavity-pumped 2.09- microm Ho: YAG laser [J]. Optics Letters, 1992, 17(10): 736–738.

[20] Balembois, Georges, Georges. 1064 nm oscillation under 914 nm intracavity pumping in Nd:YVO$_4$ and sum-frequency mixing to reach blue range[C]// Conference on Lasers & Electro-optics. IEEE, 2006.

[21] HERAULT E, BALEMBOIS F, GEORGES P. Generation of continuous-wave blue light by sum-frequency mixing of diode pumped dual-wavelength lasers [C]// (CLEO). Conference on Lasers and Electro-Optics. Baltimore, MD, USA. IEEE, 2006: 485–487.

[22] SHAYEGANRAD G. Actively Q-switched Nd: YVO$_4$ dual-wavelength stimulated Raman laser at 1178.9nm and 1199.9nm [J]. Optics Communications, 2013, 292: 131–134.

[23] A. J. Singh, P. K. Gupta, S. K. Sharma, et al. Efficient yellow beam generation by intracavity sum frequency mixing in DPSS Nd:YVO$_4$, laser[J]. Pramana, 2014, 82(2):197–202.

[24] Serres J M, Loiko P A, Mateos X, et al. Ho: KLuW microchip laser intracavity pumped by a diode-pumped Tm: KLuW laser[J]. Applied Physics B, 2015, 120(1): 123–128.

[25] Jasbeer H, Williams R J, Kitzler O, et al. Wavelength diversification of high-power external cavity diamond Raman lasers using intracavity harmonic generation[J]. Optics Express, 2018, 26(2):1930.

[26] Y. F. Lü, X. H. Zhang, J. Xia, R. Chen, G. Y. Jin, J. G. Wang, C. L. Li and Z. Y. Ma, 981 nm Yb:KYW laser intracavity pumped at 912 nm and frequency-doubling for an emission at 490.5 nm[J]. Laser Physics Letters, 2010, 7(5):343–346.

[27] Y. F. Lü, J. Xia, X. D. Yin, et al. 1085 nm Nd:YVO$_4$ laser intracavity pumped at 914 nm and sum-frequency mixing to reach cyan laser at 496 nm[J]. Laser Physics Letters, 2010, 7(1):11–13.

[28] LI Y L, ZHANG Y L. Simultaneous dual-wavelength laser operation at 1342 and 946 nm in two laser crystals and their sum-frequency mixing [J]. Optik, 2011, 122(8): 743–745.

[29] C. Y. Cho, C. C. Chang, Y. F. Chen. Efficient dual-wavelength laser at 946 and 1064 nm with compactly combined Nd:YAG and Nd:YVO$_4$ crystals[J]. Laser

Physics Letters, 2013, 10(4):045805.

[30] XIAO H D, DONG Y, LIU Y, et al. An intra-cavity pumped dual-wavelength laser operating at 946?nm and 1064?nm with Nd: YAG??+??Nd: YVO$_4$ crystals [J]. Laser Physics Letters, 2016, 13(9): 095002.

[31] LIU Y, ZHONG K, SHI J, et al. Dual-signal-resonant optical parametric oscillator intracavity driven by a coaxially end-pumped laser with compound gain media [J]. Optics Express, 2018, 26(16): 20768–20776.

[32] Perot A Fabry Ann C. Chem Phys. 1897 12:459.

[33] C. Fabry and A. Pérot, "Théorie et applications d'une nouvelle méthode de spectroscopie interférentielle", Ann. de Chim. et de Phys. 16 (7), 115 (1899)

[34] GOLDBERG L, COLE B, MCINTOSH C, et al. Narrow-band 1 W source at 257 nm using frequency quadrupled passively Q-switched Yb: YAG laser [J]. Optics Express, 2016, 24(15): 17397.

[35] SHEINTOP U, PEREZ E, NOACH S. Watt-level tunable narrow bandwidth Tm: YAP laser using a pair of etalons [J]. Applied Optics, 2018, 57(6): 1468–1471.

[36] SABRA M, LECONTE B, DARWICH D, et al. Widely tunable dual-wavelength fiber laser in the 2 μm wavelength range [J]. Journal of Lightwave Technology, 2019, 37(10): 2307–2310.

[37] 付喜宏, 檀慧明, 李义民, 等. 全固态单纵模593.5 nm和频激光器 [J]. 光学 精密工程, 2007, 15(10): 1469-1473.

[38] DUAN X M, YAO B Q, ZHANG Y J, et al. Diode-pumped high-efficiency Tm: YLF laser at room temperature [J]. Chinese Optics Letters, 2008, 6(8): 591–593.

[39] 李楠, 王卫民, 鲁燕华, 等. 基于F-P标准具的固体激光可调线宽控制技术 [J]. 强激光与粒子束, 2013, 25(5): 1139–1143.

[40] BAI F, CHEN X Y, LIU J L, et al. A narrow linewidth continuous wave Ho: YAG laser pumped by a Tm: YLF laser [J]. Chinese Physics Letters, 2015, 32(11): 114205.

[41] YU X, ZHANG K, GAO J, et al. Quasi-three-level Nd: GdVO$_4$ laser under diode pumping directly into the emitting level [J]. Laser Physics Letters, 2008, 5(11): 797–799.

[42] Liu Huan (刘 欢), Gong Ma-Li (巩马理. Compact, efficient diode-end-pumped Nd:GdVO4 slab continuous-wave 912-nm laser[J]. Chinese Physics B, 2012, 21(2):024207.

[43] JENSEN T, OSTROUMOV V G, MEYN J P, et al. Spectroscopic characterization and laser performance of diode-laser-pumped Nd: GdVO4 [J]. Applied Physics B, 1994, 58(5): 373–379.

[44] LIU J, SHAO Z, ZHANG H, et al. Diode-laser-array end-pumped 14.3-W CW Nd: GdVO4 solid-state laser at $1.06\,\mu m$ [J]. Applied Physics B, 1999, 69(3): 241–243.

[45] RISK W P. Modeling of longitudinally pumped solid-state lasers exhibiting reabsorption losses [J]. JOSA B, 1988, 5(7): 1412–1423.

[46] FAN T, BYER R. Modeling and CW operation of a quasi-three-level 946 nm Nd: YAG laser [J]. IEEE Journal of Quantum Electronics, 1987, 23(5): 605–612.

[47] 张光寅, 郭曙光. 光学谐振腔的图解分析与设计方法 [M]. 北京: 国防工业出版社, 2003.

[48] ROESS D. Analysis of a room-temperature cw ruby laser of 10-mm resonator length: The ruby laser as a thermal lens [J]. Journal of Applied Physics, 1966, 37(9): 3587–3594.

[49] OSTERINK L M, FOSTER J D. Thermal effects and transverse mode control in a nd: Yag laser [J]. Applied Physics Letters, 1968, 12(4): 128–131.

[50] STEFFEN J, LORTSCHER J P, HERZIGER G. Fundamental mode radiation with solid-state lasers [J]. IEEE Journal of Quantum Electronics, 1972, 8(2): 239–245.

[51] CHESLER R B, MAYDAN D. Convex-concave resonators for TEM00 operation of solid-state ion lasers [J]. Journal of Applied Physics, 1972, 43(5): 2254–2257.

[52] LÖRTSCHER J P, STEFFEN J, HERZIGER G. Dynamic stable resonators: A design procedure [J]. Optical and Quantum Electronics, 1975, 7(6): 505–514.

[53] 张光寅. 光学谐振腔的图解设计方法(三)[J]. 中国激光, 1977, 4(5):46–49.

[54] 张光寅. 基模热稳腔的简单设计计算方法[J]. 激光, 1981, 8(6):11–14.

[55] 李世泽. 平行平面热稳定谐振腔[J]. 激光, 1981, 8(8):7–13.

[56] 王效敬. 内热厚透境平行平面谐振腔的热稳定性[J]. 中国激光, 1985, 12(5).

[57] MAGNI V. Resonators for solid-state lasers with large-volume fundamental mode and high alignment stability [J]. Applied Optics, 1986, 25(1): 107.

[58] 陆祖康, 范畸康, 赵阳, et al. 一种分析望远镜热稳定腔的新方法[J]. 光学学报, 1987, 7(10).

[59] 李世忱, 倪文俊. 低热敏激光谐振腔理论和实验[J]. 物理学报, 1989(4):567–572.

[60] 张潮波, 宋峰, 孟凡臻, 等. 利用输出功率测量激光二极管端面抽运的固体激光器热透镜焦距 [J]. 物理学报, 2002, 51(7): 1517–1520.

[61] 潘孙强, 刘崇, 赵智刚, 等. 激光二极管端面抽运固体激光器的热效应和热透镜焦距测量 [J]. 中国激光, 2010, 37(10): 2445–2450.

[62] 吕百达. 激光光学: 光束描述、传输变换与光腔技术物理 [M]. 3版. 北京: 高等教育出版社, 2003.

[63] INNOCENZI M E, YURA H T, FINCHER C L, et al. Thermal modeling of continuous-wave end-pumped solid-state lasers [J]. Applied Physics Letters, 1990, 56(19): 1831–1833.

[64] OZYGUS B, ERHARD J. Thermal lens determination of end-pumped solid-state lasers with transverse beat frequencies [J]. Applied Physics Letters, 1995, 67(10): 1361–1362.

[65] OZYGUS B, ZHANG Q C. Thermal lens determination of end-pumped solid-state lasers using primary degeneration modes [J]. Applied Physics Letters, 1997, 71(18): 2590–2592..

[66] LIU J H, LU J R, LÜ J H, et al. Thermal lens determination of end-pumped solid-state lasers by a simple direct approach [J]. Chinese Physics Letters, 1999, 16(3): 181–183.

[67] SPURR M, DUNN M. Euclidean light: High-school geometry to solve problems in Gaussian beam optics [J]. Optics and Photonics News, 2002, 13(8): 40–44.

[68] Cunfa Li, Xiangchun Shi. Dynamic analysis of V-folded cavity for TEM00 operation of end-pumped solid-state laser[J]. 中国光学快报（英文版）, 2005, 3(11):653–654.

[69] Alda J. Laser and Gaussian Beam Propagation and Transformation[J], 2003.

[70] NEMOTO S. Transformation of waist parameters of a Gaussian beam by a thick lens [J]. Applied Optics, 1990, 29(6): 809–816.

[71] LÜ Y F, XIA J, ZHANG X H, et al. Dual-wavelength laser operation at 1064 and 914 nm in two Nd: YVO_4 crystals [J]. Laser Physics, 2010, 20(4): 737–739.

[72] LI M, ZHAO W, HOU W, et al. High efficiency continuous-wave single-frequency Nd: YVO_4 ring laser under diode pumping at 880 nm [J]. Applied Physics B, 2012, 106(3): 593–597.

[73] JIN L H, SHEN B J, ZHANG N, et al. High efficiency 1341 nm Nd: $GdVO_4$ bounce laser in-band pumped at 879 nm [J]. Laser Physics, 2012, 22(4): 668–670.

[74] Saikawa J, Sato Y, Taira T, et al. 879-nm direct-pumped Nd: $GdVO_4$ lasers: 1.3-μm laser emission and heat generation characteristics [J]. Optical Society of America, 2005.DoI:10.1364/ASSP. 2005: 183–187.

[75] PAVEL N, DASCALU T, VASILE N, et al. Efficient 1.34-μm laser emission of Nd-doped vanadates under in-band pumping with diode lasers [J]. Laser Physics Letters, 2009, 6(1): 38–43.